Dietrich Pohlmann

Frau Dr. R. Übe-Zahl

RECHNEN MIT DER NEUEN TASCHENRECHNER-GENERATION

Brüche und Wurzeln in natürlicher Darstellung

Kopiervorlagen für die Casio-Rechner FX-82ES, FX-85ES und FX-350ES

CASIO
www.casio-europe.com

Aulis Verlag Deubner

Inhaltsverzeichnis

Bibliografische Information Der Deutschen Bibliothek

Die Deutsche Bibliothek verzeichnet diese Publikation in der Deutschen Nationalbibliografie; detaillierte bibliografische Daten sind im Internet über <http://dnb.ddb.de> abrufbar.

Illustrationen und Layout: *Wilhelm Nehrig*

Best.-Nr. 5203
ISBN 978-3-7614-2723-1

Printed in the European Community

Eingaben und Korrekturen

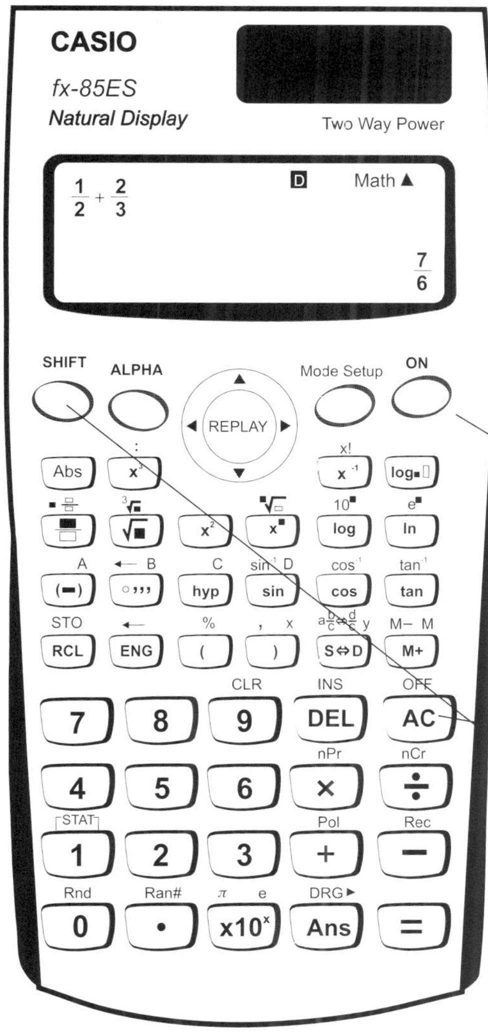

Die Casio-Rechner *fx-82ES*, *fx-85ES* und *fx-350ES* unterscheiden sich in der Bedienung nicht, sie sind nur verschieden groß und werden mit unterschiedlichen Batteriesystemen ausgeliefert:

fx-82ES: Batteriebetrieb (AAA Size Alkali, R03)
fx-350ES: Batteriebetrieb (AAASize Alkali, LR03)
fx-85ES: Solarbetrieb mit Stützbatterie

ON schaltet den Rechner an und der blinkende Cursor im Display zeigt an, dass der Rechner betriebsbereit ist.

Wird ca. 6 Minuten lang keine Taste gedrückt, so schaltet sich der Rechner automatisch ab.

Mit SHIFT und anschließendem OFF AC kannst Du den Rechner zum Schonen der Batterie aber auch regulär ausschalten.

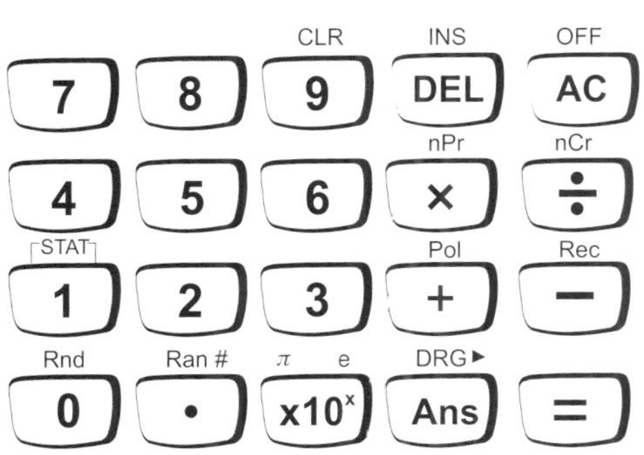

Mit den Tasten des Ziffernblocks gibst Du die Zahlen ziffernweise ein. Die Operationen der Grundrechenarten werden mit den Tasten daneben (+, −, × oder ÷) eingegeben. Die Taste • (rechts neben der 0-Taste) ist nicht die Multiplikationstaste, sondern die Komma-Taste, weil man im Amerikanischen einen Dezimalpunkt statt eines Dezimalkommas setzt.
Mit Drücken der = -Taste wird die Berechnung ausgelöst und das Ergebnis in der nächsten Zeile angezeigt.

3 x 2.5
7.5

3 x 2.5
$\frac{15}{2}$

Eine Aufgabe wie 3 · 2,5 wird also eingegeben als [3] [×] [2] [•] [5] und nach Drücken von [=] wird die Rechnung ausgeführt und das Ergebnis erscheint in der unteren Zeile des Displays: 7.5 (in der LineIO-Einstellung) oder $\frac{15}{2}$ (in der MthIO-Einstellung). (Das IO steht für das englische Input - Output und meint eine Eingabe/ Ausgabe auf der Linie oder in der Art der Mathematik.)

Willst Du ein Ergebnis lieber als Dezimalzahl, denn in der sogenannten Math-Einstellung angezeigt haben, kannst Du die Anzeige mit der Taste [S⇔D] umschalten. Dabei steht das S für engl. scientific (wissenschaftlich) und das D für dezimal.

Über das Setup kann durch (SHIFT) (Mode Setup) [2] für weitere Rechnungen auch direkt in die LineIO-Einstellung umgeschaltet werden. Es werden dann z.B. keine Brüche mehr mit waagerechtem Bruchstrich angezeigt.

Wenn Du Dich beim Eingeben einer Zahl vertippt hast, kannst Du das auf verschiedene Weisen korrigieren:

Mit [AC] kannst Du das ganze Display löschen (auch nach „Syntax error", d.h., wenn Dein Rechner Deine Eingabe einmal nicht versteht) und danach Deine Aufgabe neu eingeben. Du kannst aber auch mit der [DEL]-Taste einzelne Ziffern (nach links hin Löschen) oder vorher mit der (◄)-Taste (linker Rand der runden -(REPLAY)- -Taste) rechts neben die Fehleingabe scrollen, dann mit [DEL] (engl. delete) die falsche Eingabe löschen und anschließend die richtige Ziffer (oder mathematische Operation) eingeben.

Übe es einmal: Gib zunächst 435 · 12 ein und korrigiere dann in 45 : 15.

Eine mögliche Ziffernfolge ist zunächst [4] [3] [5] [×] [1] [2]

Jetzt wird korrigiert: [DEL] [5] (◄) (◄) [DEL] [÷] (◄) (◄) [DEL] [=]. Das Ergebnis ist [3].

Berechne: a) 23 + 235 b) 256 – 47 c) 87 · 12 d) 1001 : 13 e) 14 + 11 · 17

f) 24 · 19 – 85 : 17 g) (87 – 25) · 19 h) (143 – 57) : 4 i) (36 – 11) · (17 + 5)

Lösungen (vor dem Kopieren evtl. abdecken):

a) 258 b) 209 c) 1044 d) 77 e) 201 f) 371 g) 1178 h) 21.5 i) 550

Bei den Aufgaben g), h) und i) hast Du sicher schon gemerkt, dass Du ein anderes Ergebnis erhältst, wenn Du die Klammern nicht mit eingetippt hast. Dein Rechner beherrscht nämlich die Dir bekannte Regel „Punktrechnung geht vor Strichrechnung". Bei 87 – 25 · 19 subtrahiert er automatisch das Produkt 25 · 19 von 87. Übrigens versteht Dein Rechner Dich auch, wenn Du vor Drücken der [=]-Taste die [)]-Taste nicht drückst.

Auf Deinem Rechner findest Du oberhalb des Ziffernblocks noch eine Taste mit der Kennzeichnung [(−)]. Das ist die Taste zur Kennzeichnung negativer Zahlen:

Beispiele:

j) -23 + 19 k) 17 – (-91) l) -135 : (-15) + (-17)

Die Aufgaben kannst Du also wie folgt eingeben:

j) [(−)] [2] [3] [+] [1] [9] [=] | -4 |

k) [1] [7] [−] [(−)] [9] [1] [=] | 108 |

l) [(−)] [1] [3] [5] [÷] [(−)] [1] [5] [+] [(−)] [1] [7] [=] | -8 |

Wenn Du bei einer längeren Aufgabe ein Zwischenergebnis einsehen willst, wird dieses automatisch abgespeichert. Durch Drücken der [Ans]-Taste kannst Du es jedoch wieder in die weitere Rechnung einbeziehen. Bei Drücken einer mathematischen Verknüpfung wie [+], [−], [×] oder [÷] wird ANS im Display sogar automatisch ergänzt.

Beispiel:

m) (58 – 13) · (62 + 19)

[(] [5] [8] [−] [1] [3] [)] [=] | 45 |

[×] [(] [6] [2] [+] [1] [9] [=] | 3645 |

Übungen:

o) (89 – 117) · (-112) p) (189 – 93) : (37 – 13) + 125 q) -86 + (53 – 71) · (-14)

r) (2,5 – 4,7) · (6,8 + 12,3) s) 14,7 – 12,1 · (-3,4) + 18,7 t) 6,7 + 13,2 · (-1,9)

Lösungen (vor dem Kopieren evtl. abdecken):

a) 3136 p) 129 q) 166 r) – 42,02 s) 74,54 t) -18,38

Das Runden von Ergebnissen

Dein Rechner verfügt über 3 Einstellungen zur Ausgabe der Ergebnisse. Diese sind über das Setup durch [SHIFT] [Mode Setup] anwählbar: 6: Fix 7: Sci 8: Norm.

Bei 6 (Fix) kannst Du 0, 1, 2, ..., 9 Nachkommastellen einstellen. Wenn Du z.B. 2 wählst, dann wird Dir in Zukunft jedes Ergebnis auf 2 Nachkommastellen gerundet - so wie man es z.B. bei Preisangaben in EURO braucht.

Bei 7 (Sci) kannst Du mit 0, 1, 2, ..., 9 die Anzahl der geltenden (signifikanten) Stellen einstellen. Das Ergebnis wird vor der Anzeige auf die gewählte Anzahl geltender Stellen gerundet (0 macht keinen Sinn und bedeutet daher volle Stellenzahl) und dann in der sogenannten wissenschaftlichen Schreibweise (mit Zehnerpotenz) ausgegeben. Diese Anzeigemöglichkeit ist für Dich erst gegen Ende der Sekundarstufe I interessant - dgl. die Wahl 8 (Norm - Norm 1 ist die Grundeinstellung des Rechners).

Beispiele:

a) $17 \cdot 3{,}46 + 19 \cdot 14{,}62 + 145 : 16$ (auf 2 Nachkommastellen)

b) $23 \cdot 156{,}759 + 27 \cdot 98{,}987 + 75 \cdot 1{,}21 + 3005 : 17$ (auf 4 Nachkommastellen)

c) $576 : 3 + 417 : 7$ (auf 2 Nachkommastellen)

d) $576 : 3 + 417 : 7$ (auf 9 Nachkommastellen)

Was ist bei der Lösung zu Aufgabe d) passiert?

Der Rechner kann insgesamt nur 10 Stellen anzeigen. Da das Ergebnis von Aufgabe d) 3 Vorkommastellen hat, muss er die Anzahl der Nachkommastellen verkleinern und kann „nur" 7 davon anzeigen! Ist doch klar, oder?

Das kannst Du auch erkennen, wenn Du das Ergebnis noch einmal durch 1000 teilst.

[÷] [1] [0] [0] [0] [=] | 0.251571429 | Jetzt wurde wieder richtig auf 9 Stellen (wie eingestellt) gerundet.

e) $(4{,}7 + 6{,}9 + 12{,}3 - 7{,}86) : 5$ (auf 3 Nachkommastellen)

f) $(5{,}43 + 26{,}8) \cdot (28{,}2 - 34{,}6)$ (auf 1 Nachkommastelle)

g) $(7{,}334 - 3{,}68) : (2{,}56 + 5{,}98)$ (auf keine Nachkommastelle)

Schau auf Dein Ergebnis! Kann das wahr sein? Erkläre!

Lösungen (vor dem Kopieren evtl. abdecken):

a) 345,66 b) 6545,6207 c) 251,57 d) 251,5714286 e) 3,208 f) -206,3 g) 0

Das Ergebnis von Aufgabe g) erklärt sich dadurch, dass 0,4278... abgerundet 0 ist.

Bruchrechnung mit dem Taschenrechner

Bruchrechnung ist mit Deinem Taschenrechner so möglich, wie Du es aus Deinem Mathe-Unterricht kennst. Dazu musst Du allerdings die Math-Einstellung wählen:

SHIFT, Mode Setup, [1]

Eine Aufgabe wie z.B. $\frac{1}{2}+\frac{2}{3}$ kannst Du wie folgt eingeben:

[▭/▭] [1] [▼] [2] [▶] [+] [▭/▭] [2] [▼] [3] [=]

Du erhältst dann das Ergebnis als Bruch angezeigt: $\frac{7}{6}$

Zum Rechnen mit gemischten Brüchen kannst Du die (■▭/▭)-Taste (= [SHIFT] [▭/▭]) nutzen. Also z.B. zum Lösen der Aufgabe $2\frac{3}{4}\cdot 3\frac{4}{7}$

[SHIFT] (■▭/▭) [2] [▶] [3] [▼] [4] [▶] [×] [SHIFT] (■▭/▭) [3] [▶] [4] [▼] [7] [=] → $\frac{275}{28}$

[SHIFT] [S⇔D] → $9\frac{23}{28}$

[S⇔D] → 9.821…

Berechne:

a) $\frac{9}{17}\cdot 8\frac{7}{23}$ b) $\frac{15}{37}:9$ c) $23:\frac{7}{11}$ d) $2\frac{4}{5}:3\frac{3}{4}$ e) $14\frac{5}{17}:2\frac{4}{17}$ f) $17\cdot\frac{4}{5}$

g) $9\frac{3}{7}:4$ h) $12\frac{6}{11}\cdot\frac{11}{8}$ i) $8\frac{4}{9}\cdot\frac{3}{7}$ j) $\frac{4}{7}\cdot 5\frac{7}{12}$ k) $23\frac{2}{3}:\frac{3}{7}$ l) $4\frac{5}{12}+5\frac{7}{16}-2\frac{8}{9}$

Wandle in eine gemischte Zahl bzw. einen unechten Bruch um:

m) $13\frac{3}{4}$ n) $\frac{123}{13}$ o) $19\frac{3}{5}$ p) $\frac{241}{15}$ q) $12\frac{2}{11}$ r) $14\frac{9}{14}$ s) $\frac{188}{19}$

Lösungen (vor dem Kopieren evtl. abdecken):

a) $\frac{1719}{391}$ b) $\frac{5}{111}$ c) $\frac{253}{7}$ d) $\frac{56}{75}$ e) $\frac{243}{38}$ f) $\frac{68}{5}$

g) $\frac{33}{14}$ h) $\frac{69}{4}$ i) $\frac{76}{21}$ j) $\frac{67}{21}$ k) $\frac{497}{9}$ l) $\frac{1003}{144}$

m) $\frac{55}{4}$ n) $9\frac{6}{13}$ o) $\frac{98}{5}$ p) $16\frac{1}{15}$ q) $\frac{134}{11}$ r) $\frac{205}{14}$ s) $9\frac{17}{19}$

Die Grundrechnungsarten (vermischt)

Damit Du die Eingaben und Korrekturen mit Deinem Rechner üben kannst, anbei einige längere Aufgaben. Stelle Deinen Rechner dazu durch [SHIFT] [MODE] [1] auf (MthIO) ein.

Decke vor dem Berechnen das Puzzle ab. Kontrolliere Deine Lösungen, indem Du nach dem Ausschneiden des Puzzles die Felder mit den Lösungen in der Reihenfolge der Aufgaben von links nach rechts legst. Dabei enthalten drei Felder falsche Lösungen, die auch nicht mitgelegt werden. Es ergibt sich eine bekannte Lösungsfigur.

a) $1{,}6 + 4\frac{6}{7} - 3 \cdot 7{,}8$

b) $(4{,}35 - \frac{13}{3}) : 4$

c) $12{,}67 - 18{,}5 \cdot (3{,}4 - 7\frac{2}{7})$

d) $1 + 3 + \dots + 97 + 99$

e) $1 \cdot 2 \cdot 3 \cdot \dots \cdot 9 \cdot 10$

f) $1 + 2 \cdot 3 + 4 \cdot 5 + 6 \cdot 7$

g) $500 \cdot 500 - 498 \cdot 499$

h) $(3\frac{3}{4} - 1{,}25) \cdot (5{,}63 + 1\frac{1}{3})$

i) $7 \cdot 8 - 7{,}5 \cdot 7{,}5 + 19$

j) $1234 : 5 - 456 \cdot 1{,}2 + 88 \cdot 76$

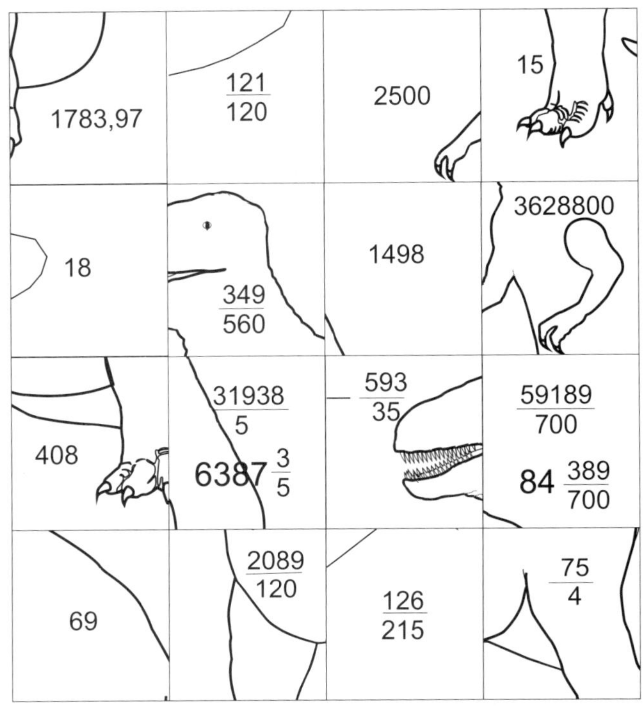

k) $(10 - 9) \cdot (8 + 7) : (6 - 5) - (4 - 3) + (2 - 1)$

l) $123456 \cdot 11 - 65432 \cdot 23 + 127 \cdot 94 - 87 \cdot 34 - 897 \cdot 128 + 867 \cdot 292$

m) $45{,}6 + 15 \cdot 4{,}75 + 12 \cdot 24{,}50 + 18 \cdot 35{,}98 + 9 \cdot 29{,}88 + 456{,}56$

Lösungen (vor dem Kopieren evtl. abdecken):

a) $-\frac{593}{35}$ b) $\frac{349}{560}$ c) $\frac{59189}{700} = 84\frac{389}{700}$

d) 2500 e) 3628800 f) 69 g) 1498

h) $\frac{2089}{120}$ i) $\frac{75}{4}$ j) $\frac{31938}{5} = 6387\frac{3}{5}$

k) 15 l) 408 m) 1783,97

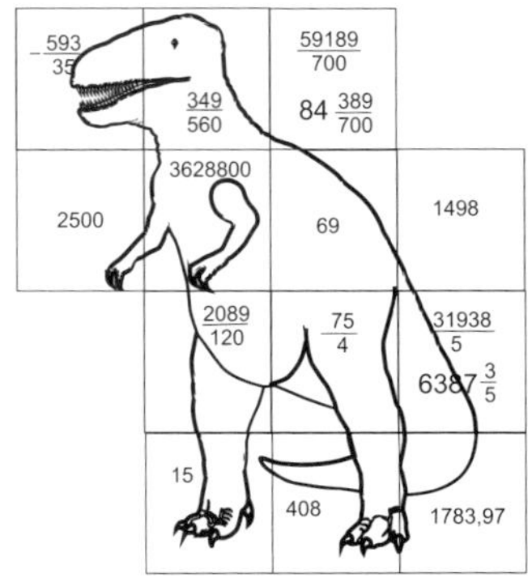

Spielseite: Mit dem Rechner schreiben und zaubern

Wusstest Du, dass Du mit Deinem Rechner auch schreiben und zaubern kannst?

Tippe einmal die Zahl 7300553 ein – und lies die auf dem Kopf stehende Anzeige ab:

ESSOOEL .

a) Überlege Dir einmal, wie Du auf der Anzeige des Rechners aus ESSOOEL ShELLOEL machen kannst.

b) Mache Dir eine Tabelle welche Buchstaben beim Umdrehen des Rechners welchen Buchstaben entsprechen:

1	2	3	4	5	6	7	8	9	0
I									

c) Versuche, einige Wörter auf dem Display Deines Rechners zu schreiben und lasse Deinen Nachbarn / Deine Nachbarin kontrollieren!

d) Versuche, aus einem BIOLOGEn einen GEOLOGEn zu zaubern, aus einer hOSE ein GEBISS und aus einem IGEL eine LIBELLE.

Lass Deinen Nachbarn / Deine Nachbarin Deine Lösungen überprüfen.

Lösungsvorschläge (vor dem Kopieren evtl. abdecken!):

a) Lösungsvorschläge: 7300553 $\xrightarrow{+657767792}$ 73077345 oder
7300553 $\xrightarrow{:1000000}$ 730,0553 $\xrightarrow{+0,71815}$ 730,77345 $\xrightarrow{\cdot 1000000}$ 73077345
oder ...

1	2	3	4	5	6	7	8	9	0
I	Z	E		S		L	B	G	O

Bei gutem Willen mag man in der umgedrehten 4 noch ein h erkennen und in der umgedrehten 6 ein kleines g oder eine 9.

c) Einige Möglichkeiten sind: BIBEL, BIOLOGE, EhE, EIS, ESEL, ESSIG, GEIGE, GEBISS, GEOLOGE, hEBEL, hIEB, hOSE, IGEL, LEISE, LIBELLE, SESSEL, SOHLE, ZEh, ZOOLOGIE, ZIEGEL, ZIEL,
- aber: SEI'LEISE.

Prozentrechnung

Wenn Du Dir Deinen Rechner richtig anschaust, findest Du über der [(]-Taste ein %-Zeichen. Wenn Du also [SHIFT] [(] drückst, hat das die Wirkung %, d.h. das bisherige Zwischenergebnis wird durch 100 geteilt. Denn: % bedeutet ja nichts anderes als „durch Hundert" oder „hundertstel".

5 % von 890 € kannst Du also berechnen durch

[5] [÷] [1] [0] [0] [×] [8] [9] [0] [=] 44.5 oder auch kürzer durch

[5] [SHIFT] [(] [×] [8] [9] [0] [=] 44.5

Selbstverständlich kommt das gleiche heraus, wenn Du die Faktoren vertauscht:

[8] [9] [0] [×] [5] [SHIFT] [(] [=] 44.5

Hier einige Muster-Aufgaben zum Üben:

a) Ein Möbelhändler verlangt für eine neue Sofaecke 3298 €. Bei Barzahlung und Selbstabholung will er 15% Rabatt gewähren. Was kostet die Sofaecke? Notiere eine mögliche Tastenfolge!

b) Wegen eines Geschäftsjubiläums gibt Buchhändler Stark zur Zeit 11 % Rabatt. Peter Fleißig hat sich ein Englisch-Lexikon für 19,80 € bestellt und kauft dazu ein Kinderbuch für seinen jüngsten (11,90 €) und ein neues Kochbuch für seine Frau (29,80 €). Beim Kauf löst er einen Gutschein für 10 € ein. Wie viel hat Peter Fleißig zu bezahlen?

c) Nach einer Preiserhöhung um 12% kostet ein Fahrrad jetzt 399 €. Wie viel hat es vor der Preiserhöhung gekostet?

d) Zum 1.1.2007 wurde die Mehrwertsteuer von 16% auf 19% erhöht. Um wie viel wurden die betroffenen Waren deswegen teurer?

e) Firma Oberhell wirbt mit dem Slogan „Diese Woche schenken wir Ihnen die Mehrwertsteuer". Wie viel wird Herr Oberhell jetzt für einen DVD-Recorder für 369 € verlangen?

Lösungen (vor dem Kopieren evtl. abdecken!):

a) Z. B.: [3] [2] [9] [8] [×] [(] [1] [−] [1] [5] [SHIFT] [(] [=] 2803.3

b) (19,8 + 11,9 + 29,80) · (1 − 11%) − 10 = 44.74

c) 399 : (1 + 12%) = 356.25

d) $x : (1+16\%) \cdot (1+19\%) = x \cdot \frac{1{,}19}{1{,}16} = x \cdot 1{,}02586...$ Die Waren wurden um ca. 2,59% teurer

e) 369 : (1 +19%) = 369 : 1,19 = 310.08 Der DVD-Recorder wird vermutlich für 310 € verkauft. – Man kommt also auch gut ohne die %-Taste aus!

Zinsrechnung

Die Zinsrechnung ist eine besondere Form der Prozentrechnung bei der der Grundwert und der Prozentwert eine Geld-Währung sind. Zusätzlich kann noch ein Zeitfaktor i bei der Berechnung eine Rolle spielen, Man schreibt:

$$K_0 \xrightarrow{p\,\%} \xrightarrow{i} Z_i \quad \text{oder } Z_i = \frac{K_0 \cdot i \cdot p}{100} = K_0 \cdot i \cdot p\% \quad \text{(Kip-Formel)}$$

Beachte: Banken uns Sparkassen zählen den Monat zu 30 Tagen. Für den Einzahlungstag werden keine Zinsen gezahlt.

Hier einige **Muster-Aufgaben**:

a) Felix hat am 30. Juni 500 € auf ein Sparkonto eingezahlt. Wie viel Zinsen erhält er bei einer Verzinsung mit 2,75 % zum 31.12. gutgeschrieben?

b) Katharina hat zum selben Zeitpunkt wie Felix ihr Geld auf ein ähnliches Konto einbezahlt. Sie erhält 8,25 € am Jahresende.

c) Gerda hatte ihre 450 € schon am 31. Mai einbezahlt. Sie erhielt am Jahresende 7,88 € gutgeschrieben.

d) Herr Petermann hatte auf ein Sonderkonto seiner Bank 12 000 € auf 4 Jahre festgelegt. Er bekam dafür 3,5 % Zinsen. Da er die Zinsen am Jahresende nicht abhob, wurden diese bis zum Vertragsende jeweils mitverzinst.

e) Peters Eltern hatten bei seiner Geburt 500 € auf ein besonderes Konto einbezahlt. Es bringt bis zu seinem 18. Geburtstag jährlich 3,5 % Zinsen. Wird er damit seinen Führerschein machen können?

Lösungen (vor dem Kopieren evtl. abdecken!):

a) [5] [0] [0] [×] [2] [.] [7] [5] [SHIFT] [(] [×] [.] [5] [=] → 6.875

Felix bekommt 6,88 € Zinsen.

b) Wie viel Geld K_0 hatte Katharina einbezahlt?

$K_0 = \frac{Z_i}{i \cdot p\%}$: [8] [.] [2] [5] [÷] [.] [5] [÷] [2] [.] [7] [5] [SHIFT] [(] [=] → 600

Katharina hatte 600 € einbezahlt.

c) Gerda hatte ihr Geld also 7 Monate auf der Bank, doch zu welchem Zinssatz?

$P = \frac{Z_i}{K_0 \cdot i} \cdot 100$: [7] [.] [8] [8] [÷] [4] [5] [0] [÷] [7] [×] [1] [2] [×] [1] [0] [0] [=] → 3.0019…

Gerda erhielt 3 % Zinsen.

Zinsrechnung (Lösungen)

d) [1] [2] [0] [0] [0] [×] [3] [·] [5] [SHIFT] [(] [=] → 420

[1] [2] [4] [2] [0] [×] [3] [·] [5] [SHIFT] [(] [=] → 434.7

[1] [2] [8] [5] [4] [·] [7] [×] [3] [·] [5] [SHIFT] [(] [=] → 449.91457

[1] [3] [3] [0] [4] [·] [6] [1] [×] [3] [·] [5] [SHIFT] [(] [=] → 465.66135

[4] [2] [0] [+] [4] [3] [4] [·] [7] [+] [4] [4] [9] [·] [9] [1]
[+] [4] [6] [5] [·] [6] [6] [=] → 1770.27

Herr Petermann hat für die 4 Jahre 1770,27 € Zinsen bekommen.

Man kann sich auch folgenden Lösungsweg überlegen:

Das neue Kapital K_1 ergibt sich aus dem alten K_0 durch die Addition der Zinsen:

$K_1 = K_0 + K_0 \cdot \frac{p}{100} = K_0\,(1 + \frac{p}{100})$. Es gilt also:

$$K_1 = K_0\,(1 + \frac{p}{100})$$

$$K_2 = K_1\,(1 + \frac{p}{100}) = K_0\,(1 + \frac{p}{100})(1 + \frac{p}{100}) = K_0\,(1 + \frac{p}{100})^2$$

$$K_3 = K_2\,(1 + \frac{p}{100}) = K_0\,(1 + \frac{p}{100})^3$$

$K_4 = K_3\,(1 + \frac{p}{100}) = K_0\,(1 + \frac{p}{100})^4$, also in unserem Beispiel:

[1] [2] [0] [0] [0] [×] [(] [1] [+] [3] [·] [5] [SHIFT] [(] [)] [$x^■$] [4] [=] → 13770.27601

Herr Petermann bekommt also nach 4 Jahren 13770,27 € ausgezahlt, darin sind

[1] [3] [7] [7] [0] [·] [2] [7] [−] [1] [2] [0] [0] [0] = 1770.27 , also

1770,27 € Zinsen enthalten.

e) Das Geld von Peters Eltern liegt also 18 Jahre auf der Bank. Es berechnet sich zu

[5] [0] [0] [×] [(] [1] [+] [3] [·] [5] [SHIFT] [(] [)] [$x^■$] [1] [8] [=] → 928.744...

Wenn Peter nicht zu viele Fahrstunden braucht, sollte er es mit dem Geld schaffen.

Zusatzaufgabe: Bestätige ab wie vielen Jahren sich ein Kapital mehr als verdoppelt:

p	1	2	3	4	5	6	7	8	9	10
i	70	36	24	18	15	12	11	10	9	8

Geldumtausch

Wenn Du Urlaub außerhalb der EURO-Zone machst, so musst Du Dein Geld z.B. in einer Bank oder Sparkasse wechseln. Die Auszahlung wird stets nach dem Wechselkurs berechnet, der allerdings schwanken kann. Den aktuellen Kurs für Dein Urlaubsland kannst Du im Textsystem Deines Fernsehers nachlesen oder Dir aus dem Internet besorgen.

Am 19. Juni 2007 z.B. galt

1 € ≙ 1,385 US$ bzw. 0,700 £ (engl. Pfund) bzw. 1,701 CHF (schweizer Francs)
7,9 DKK (dänische Kronen) bzw. 1,881 TRY (türkische Lire)

Aufgabe:

Herr Petersen fährt in die USA in Urlaub. Wie viel US$ erhält Herr Petersen für 750 € ? [7] [5] [0] [×] [1] [·] [3] [8] [5] [=] [1038.75]
Herr Petersen erhält 1038,75 US$ - vermutlich werden aber noch Gebühren abgerechnet oder sie sind schon in einem (schlechteren) Kurs enthalten.

Bei der Rückkehr hat Herr Petersen noch 53,20 US$ übrig. Er will sie zurücktauschen. [5] [3] [·] [2] [0] [÷] [1] [·] [3] [8] [5] [=] [38.41]
Herr Petersen erhält 38,41 € ausgezahlt – vermutlich minus Gebühren.

Fülle die u.a. Umrechnungstabellen aus. Benutze zum Abspeichern des Umrechnungsfaktors den Speicher M (wegspeichern: [STO] [M+], zurückholen: [RCL] [M+])

USA		Schweiz		Türkei	
1 €	1,39 US$	1 €	1,70 CHF	1 €	1,88 TRY
2 €		2 €		2 €	
5 €		5 €		5 €	
10 €		10 €		10 €	
20 €		20 €		20 €	
50 €		50 €		50 €	
100 €		100 €		100 €	
200 €		200 €		200 €	
500 €		500 €		500 €	
1000 €		1000 €		1000 €	

Lösung auf S. 48

(Lineare) Gleichungen / Ungleichungen

Wenn normale (einfache) Taschenrechner auch noch keine Computer-Algebra-Systeme sind und daher auch noch keine Gleichungen automatisch lösen können, so sind sie doch in der Lage, bei der Lösung von Gleichungen in den Nebenrechnungen zu helfen. Die Umrechnungen zur Normalform muss der Nutzer jedoch selber beherrschen.

Dazu gehören:
* Ausmultiplizieren, * Ausklammern, * Zusammenfassen,
* dieselben Terme auf beiden Seiten der Gleichung/Ungleichung addieren, subtrahieren; mit ihnen multiplizieren (außer durch Null), durch sie dividieren (außer durch Null).
* Bei Ungleichungen, die beidseitig mit einem negativen Faktor multipliziert oder durch eine negative Zahl dividiert werden, dreht sich das Ungleichungszeichen um.

Aufgaben-Beispiele:

a) $5(x+7) = 2x - 8$

b) $7(x + 3) - 5 = 8 - 6x$

c) $(x + 5)(x - 3) = (x - 8)(x + 6)$

d) $15x + 8 < 7x - 6$

e) $13x + 18 > 17x + 5$

f) $25x - 7 \leq 50x + 8$

g) $13(x + 2) - 7(x+4) - 10 \geq 0$

Lösungen (vor dem Kopieren evtl. abdecken!):

a) $3x = -43;\ x= -\frac{43}{3} \Rightarrow L = \{-\frac{43}{3}\}$ bzw. $L = \{14,33\}$

b) $13x = -8;\ x = -\frac{8}{13} \Rightarrow L = \{-\frac{8}{13}\}$ bzw. $L = \{-0,6154\}$

c) $4x = -63;\ x = -\frac{63}{4} \Rightarrow L = \{-\frac{63}{4}\}$ bzw. $L = \{-15,75\}$

d) $8x < -14;\ x < -\frac{7}{4} \Rightarrow L = \{-\frac{7}{4}\}$ bzw. $L = \{-1,75\}$

e) $-4x > -13;\ x < \frac{13}{4} \Rightarrow L = \{\frac{13}{4}\}$ bzw. $L = \{3,25\}$

f) $-25x \leq 15;\ x \geq -\frac{3}{5} \Rightarrow L = \{x \in G \mid x \geq -\frac{3}{5}\}$ bzw. $L = \{x \in G \mid x \geq -0,6\}$

g) $6x \geq 12;\ x \geq 2 \Rightarrow L = \{x \in G \mid x \geq 2\}$

Bruchgleichungen

Auch bei den Bruchgleichungen sind Taschenrechner im Wesentlichen nur für Nebenrechnungen zu gebrauchen. Die algebraischen Umformungen wie Multiplizieren mit dem Hauptnenner, Ausmultiplizieren, Zusammenfassen und Ordnen muss jeder Nutzer noch selber beherrschen.

Aufgaben:

Gib zu den folgenden Aufgaben jeweils die Definitionsmenge an und bestimme die Lösungsmenge:

a) $\frac{4}{x-7} = \frac{5}{x-3}$

b) $\frac{x}{x-7} = \frac{x+5}{x}$

c) $\frac{5}{4x} - \frac{1}{6x} = \frac{8}{24}$

d) $\frac{3+4y}{7y-3} = \frac{-5+8y}{14y-5}$

Lösungen (vor dem Kopieren evtl. abdecken!):

a) $D = Q \setminus \{3, 7\}$; HN: $(x-7)(x-3) \Rightarrow 4(x-3) = 5(x-7) \Rightarrow 4x - 12 = 5x - 35$
$\Rightarrow -x = -23 \Rightarrow x = 23$; $L = \{23\}$

b) $D = Q \setminus \{7, 0\}$; HN: $(x-7)x \Rightarrow x \cdot x = (x+5)(x-7) \Rightarrow x^2 = x^2 + 5x - 7x - 35$
$\Rightarrow 2x = -35 \Rightarrow x = -17{,}5$; $L = \{-17{,}5\}$

c) $D = Q \setminus \{0\}$; HN: $24x \Rightarrow 5 \cdot 6 - 4 = 8x \Rightarrow 26 = 8x \Rightarrow x = \frac{13}{4} = 3{,}25$
$\Rightarrow L = \{3{,}25\}$

d) $D = Q \setminus \{\frac{3}{7}, \frac{5}{14}\}$; HN: $(7y-3)(14y-5) \Rightarrow (3+4y)(14y-5) = (-5+8y)(7y-3)$
$\Rightarrow 42y + 56y^2 - 15 - 20y = -35y + 56y^2 + 15 - 24x \Rightarrow 81y = 30 \Rightarrow y = \frac{10}{27} \approx 0{,}3704$
$\Rightarrow L = \{\frac{10}{27}\}$

Lineare Funktionen I

Zum Zeichnen linearer Funktionen reicht es aus, 2 Punkte der Geraden in ein Koordinatensystem einzuzeichnen und zu verbinden. Wer sicher gehen will, zeichnet noch einen dritten Punkt ein.

Aufgaben:
Zeichne die im folgenden beschriebenen Geraden in ein Koordinatensystem:

a) $y = \frac{3}{2}x + 2$ b) $y = 2x - 4$ c) $y = -x + 4$ d) $y = -\frac{3}{4}x$ e) $y = -2x + 4$

Berechne dazu mit Deinem Taschenrechner eine Wertetabelle und zeichne jeweils 3 Punkte davon in das Koordinatensystem und verbinde sie. Die Tabellen-Funktion erreichst Du unter [Mode Setup] [3]. Dann gibst Du hinter f(x) = den Funktionsterm z.B. $\frac{3}{2}x+2$ durch Drücken der Tasten [3] [÷] [2] [ALPHA] [)] [+] [2] [=] ein. Der Rechner fragt dann mit „Start?" nach dem kleinsten gewünschten x-Wert und schlägt dabei eine „1" vor. Überschreibe die 1 z.B. mit [(−)] [5] [=]. Dann wirst Du nach dem größten gewünschten x-Wert gefragt („End?") und es wird eine 5 vorgeschlagen. Bestätige sie z.B. mit [=]. Schließlich wirst Du mit „Step?" nach der gewünschten Schrittweite Deiner Tabelle gefragt. Bestätige die vorgegebene 1 mit [=] - und der Anfang der Tabelle erscheint:

	X	F(X)
1	-5	-5,5
2	-4	-4
3	-3	-2,5

-5

In der Tabelle kannst Du Dich mithilfe der Scrolltasten ▼ bzw. ▲ am REPLAY - Ring bewegen und Dir geeignete Zahlenpaare heraussuchen, suchen, z.B. (-4|-4), (1|3,5) und (2|5).

Löse entsprechend die Aufgaben b) bis e).

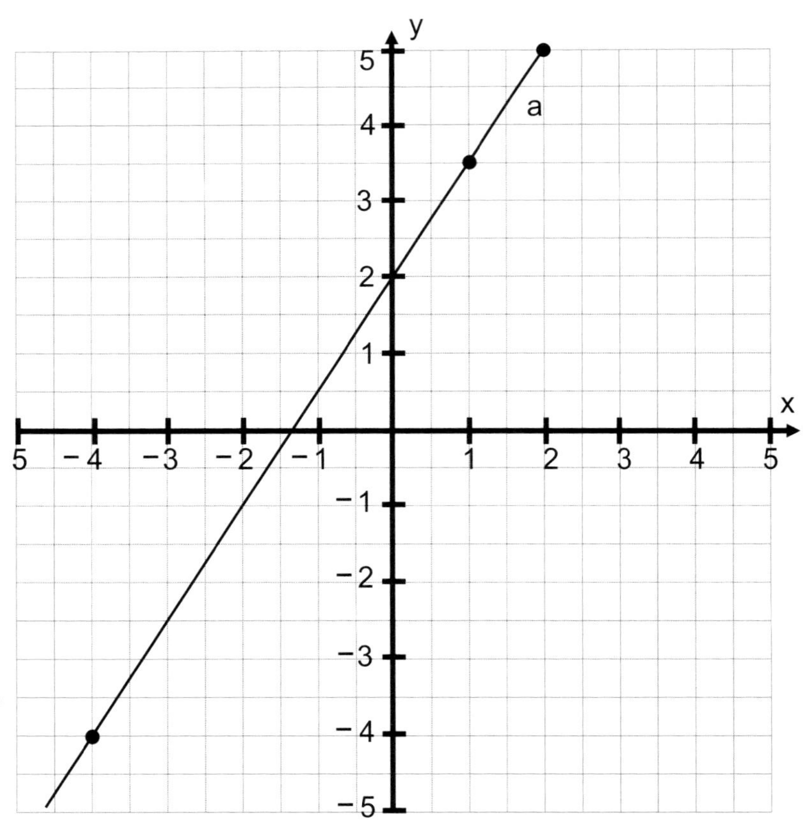

Lineare Funktionen II

Bestimme die Funktionsgleichung zu folgenden Geraden f) – j):

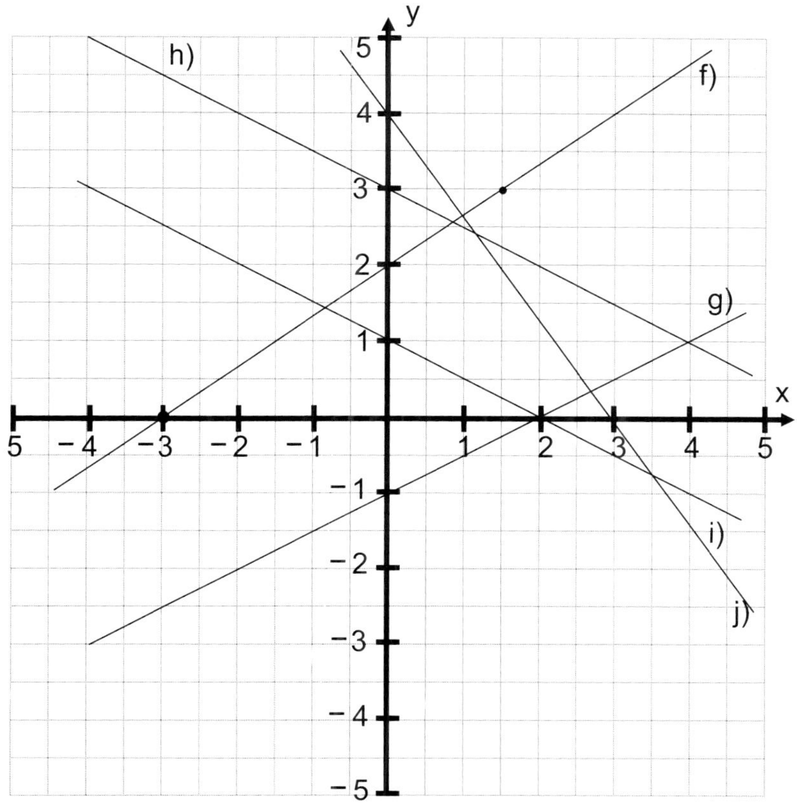

Wenn Du Dir z.B. die Koordinaten von jeweils 2 Punkten auf den Geraden herausschreibst, kannst Du Dir ein Gleichungssystem aufstellen, das die Steigung m und den Achsenabschnitt n berechnen lässt. (Vgl. Lineare Gleichungssysteme)
Bei Aufg. f) erhältst Du z.B. aus (-3|0) und (1,5|3) und dem Ansatz y = mx + n die Gleichungen 0 = -3m + n und 3 = 1,5m + n mit der Lösung m = 2/3 und n = 2.
Zur Gerade gehört also die Gleichung $y = \frac{2}{3}x + 2$.

Lösungen (vor dem Kopieren evtl. abdecken! - Als Lösung evtl. auf Folie kopieren)

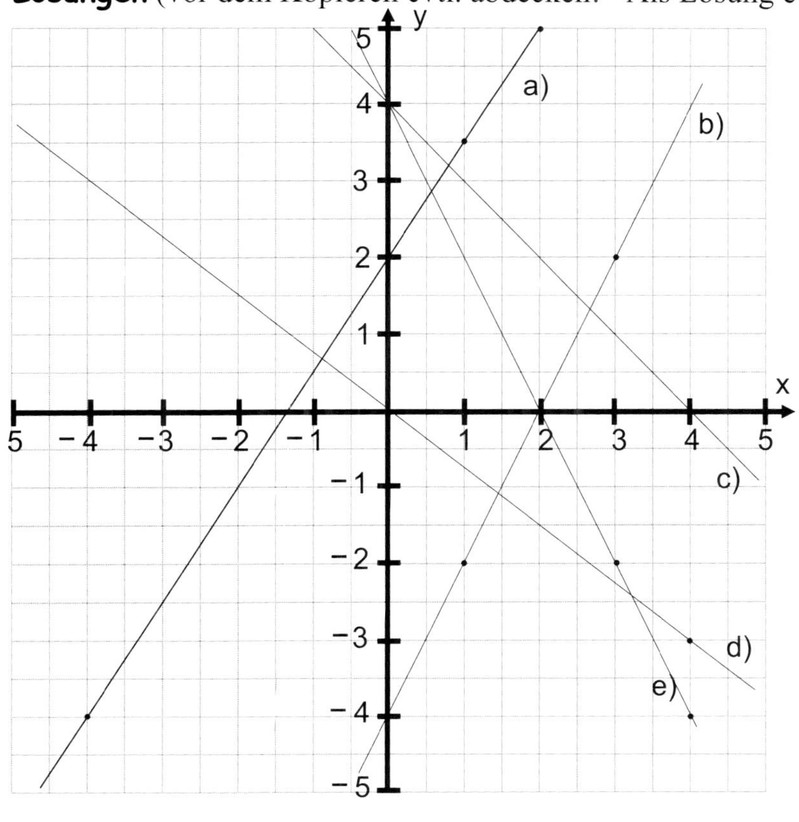

g) $y = \frac{1}{2}x - 1$

h) $y = -\frac{1}{2}x + 3$

i) $y = -\frac{1}{2}x + 1$

j) $y = -\frac{4}{3}x + 4$

Lineare Gleichungssysteme

Für das Lösen von Gleichungssystemen hast Du in der Schule verschiedene Verfahren kennen gelernt: Das * Gleichsetzungsverfahren, das * Einsetzungsverfahren und das * Additionsverfahren. Bei allen drei Verfahren kann man den Rechner eigentlich nur für Nebenrechnungen einsetzen.

Ein 4. Verfahren ist das Determinantenverfahren, das meist jene unterstützt, die gern das sonst manchmal nötige Bruchrechnen zu vermeiden. Dieses Verfahren geht davon aus, dass die Gleichung in der Form $\begin{matrix} a_{11}x+a_{12}y=b_1 \\ a_{21}x+a_{22}y=b_2 \end{matrix}$ gegeben ist. Es ist klar, dass die Lösung von den Koeffizienten a_{11}, a_{12}, b_1, a_{21}, a_{22}, b_2 abhängig ist. Man kann zeigen, dass sich für $D \neq 0$ die „Lösungen" zu $x = \frac{D_x}{D}$ und $y = \frac{D_y}{D}$ darstellen lassen, wobei $D = a_{11}a_{22} - a_{12}a_{21}$ ist, was man als $\begin{vmatrix} a_{11} & a_{12} \\ a_{21} & a_{22} \end{vmatrix}$ darstellt; entsprechend gilt: $D_x = \begin{vmatrix} b_1 & a_{21} \\ b_2 & a_{22} \end{vmatrix}$ und $D_y = \begin{vmatrix} a_{11} & b_1 \\ a_{12} & b_2 \end{vmatrix}$ (Verkürzte Rechenregel: Produkt der Hauptdiagonale minus Produkt der Nebendiagonale. Bei D_x wurde die x-Spalte durch die Lösungsspalte ersetzt, bei D_y die y-Spalte.)

Aufgabenbeispiel:

$\begin{matrix} 6x - 2y = 32 \\ 10x+11y=211 \end{matrix}$ mit $D = \begin{vmatrix} 6 & -2 \\ 10 & 11 \end{vmatrix} = 6 \cdot 11 - (-2) \cdot 10 = 66 + 20 = 86$

$D_x = \begin{vmatrix} 32 & -2 \\ 211 & 11 \end{vmatrix} = 32 \cdot 11 - (-2) \cdot 211 = 774$ und $D_y = \begin{vmatrix} 6 & 32 \\ 10 & 211 \end{vmatrix} = 6 \cdot 211 - 32 \cdot 10 = 946$

Damit ergibt sich $x = \frac{D_x}{D} = \frac{774}{86} = 9$ und $y = \frac{D_y}{D} = \frac{946}{86} = 11$, also $L = \{(9, 11)\}$.

Weitere Aufgaben zum Üben:

a) $\begin{matrix} 12x+11y= 14 \\ 5x+15y=110 \end{matrix}$ b) $\begin{matrix} 15x+ 8y=-114 \\ 7x-10y=-218 \end{matrix}$ c) $\begin{matrix} 11x+ 7y=165 \\ 15x+14y=225 \end{matrix}$ d) $\begin{matrix} 5x+ 7y=41 \\ 10x+14y=41 \end{matrix}$

Lösungen (vor dem Kopieren evtl. abdecken!):

a) $D = 125$, $D_x = -1000$, $D_y = 1250 \Rightarrow x = \frac{-1000}{125} = -8$, $y = \frac{1250}{125} = 10$; $L = \{(-8, 19)\}$

b) $D = -206$, $D_x = 2884$, $D_y = -2472 \Rightarrow x = \frac{2884}{-26} = -14$, $y = \frac{-2472}{-206} = 12$; $L = \{(-14, 12)\}$

c) $D = 49$, $D_x = 735$, $D_y = 0 \Rightarrow x = \frac{735}{49} = 15$, $y = \frac{0}{49} = 0$; $L = \{(15, 0)\}$

d) $D = 0$, $D_x = 287$, $D_y = -205 \Rightarrow 0x = 287$, $0y = -205$ Das führt auf $L = \{\ \}$.

Lineare Gleichungssysteme (3×3)

Auch 3 Gleichungen mit 3 Variablen kann man mit dem Determinantenverfahren lösen.

Ist die Form $\begin{matrix} a_{11}+a_{12}+a_{13}=b_1 \\ a_{21}+a_{22}+a_{23}=b_2 \\ a_{31}+a_{32}+a_{33}=b_3 \end{matrix}$, so kann man wieder folgende Determinanten bilden:

$$D = \begin{vmatrix} a_{11} & a_{12} & a_{13} \\ a_{21} & a_{22} & a_{23} \\ a_{31} & a_{32} & a_{33} \end{vmatrix},\ D_x = \begin{vmatrix} b_1 & a_{12} & a_{13} \\ b_2 & a_{22} & a_{23} \\ b_3 & a_{32} & a_{33} \end{vmatrix},\ D_y = \begin{vmatrix} a_{11} & b_1 & a_{13} \\ a_{21} & b_2 & a_{23} \\ a_{31} & b_3 & a_{33} \end{vmatrix} \text{ und } D_z = \begin{vmatrix} a_{11} & a_{12} & b_1 \\ a_{21} & a_{22} & b_2 \\ a_{31} & a_{32} & b_3 \end{vmatrix}$$

und es ergibt sich für $D \neq 0$ $x = \frac{D_x}{D}$, $y = \frac{D_y}{D}$ und $z = \frac{D_z}{D}$. Die einzelnen Determinanten werden nach der sogen. Regel von Sarrus berechnet:

$$\begin{vmatrix} a_{11} & a_{12} & a_{13} \\ a_{21} & a_{22} & a_{23} \\ a_{31} & a_{32} & a_{33} \end{vmatrix} = \left|\begin{matrix} a_{11} & a_{12} & a_{13} \\ a_{21} & a_{22} & a_{23} \\ a_{31} & a_{32} & a_{33} \end{matrix}\right| \begin{matrix} a_{11} & a_{12} \\ a_{21} & a_{22} \\ a_{31} & a_{33} \end{matrix} = \left\{ \begin{matrix} a_{11}a_{22}a_{33}+a_{12}a_{23}a_{31}+a_{13}a_{21}a_{32} \\ -a_{31}a_{22}a_{13}-a_{32}a_{23}a_{11}-a_{33}a_{21}a_{12} \end{matrix} \right.$$

(Kurzregel: 3 Produkte der Hauptdiagonalen – 3 Produkte der Nebendiagonalen.)

Aufgabenbeispiel:

$$\begin{matrix} 12x+17y+18z=290 \\ 14x+\ 4y+\ 6z=110 \\ 16x+25y+19z=478 \end{matrix} \quad \text{mit } D = \begin{vmatrix} 12 & 17 & 18 \\ 14 & 4 & 6 \\ 16 & 25 & 19 \end{vmatrix} = \left\{ \begin{matrix} 12 \cdot 4 \cdot 19 + 17 \cdot 6 \cdot 16 + 18 \cdot 14 \cdot 25 \\ -18 \cdot 4 \cdot 16 - 12 \cdot 6 \cdot 25 - 17 \cdot 14 \cdot 19 \end{matrix} \right. = 1370$$

$$\text{und } D_x = \begin{vmatrix} 290 & 17 & 18 \\ 110 & 4 & 6 \\ 478 & 25 & 19 \end{vmatrix} = 6850,\ D_y = 30140,\ D_z = -10960.$$

$\Rightarrow x = \frac{D_x}{D} = \frac{6850}{1370} = 5$, $y = \frac{D_y}{D} = \frac{30140}{1370} = 22$, $z = \frac{D_z}{D} = \frac{-10960}{1370} = -8$; $L = \{(5, 22, -8)\}$

Weitere Aufgaben zum Üben:

a) $\begin{matrix} 3x+10y+22z=220 \\ -20x+\ 7y+16z=\ 31 \\ 3x-\ 3y+3z=\ 111 \end{matrix}$ b) $\begin{matrix} 9x+20y-\ 6z=529 \\ 6x+22y-19z=252 \\ -14x+10y+24z=416 \end{matrix}$ c) $\begin{matrix} 13x-23y\ \ \ =\ 20 \\ -4x+\ 4y-23z=-546 \\ 21x-\ 4y+\ 7z=\ 551 \end{matrix}$

Lösungen (vor dem Kopieren evtl. abdecken!):

a) $D = 2145$, $D_x = 12870$, $D_y = -32175$, $D_z = 34320$ $\Rightarrow$ $L = \{(6, -15, 16)\}$

b) $D = 6694$, $D_x = 140574$, $D_y = 157962$, $D_z = 133880$ $\Rightarrow$ $L = \{(21, 23, 20)\}$

c) $D = 9633$, $D_x = 202293$, $D_y = 105963$, $D_z = 211926$ $\Rightarrow$ $L = \{(21, 11, 22)\}$

Quadratische Funktionen I

Zum Zeichnen eines Funktionsgraphen ist es vorteilhaft, sich eine Funktionswerte-Tabelle zu berechnen. Hierzu hat Dein Rechner eine Tabellen-Funktion, die Du durch [Mode Setup] [3] ansteuern kannst. Dann gibst Du hinter f(x)= den Funktionsterm z.B. $x^2 + 1{,}5x - 3$ durch Drücken der Tasten [ALPHA] [)] [x^2] [+] [1] [•] [5] [ALPHA] [)] [−] [3] [=] ein. Der Rechner fragt dann mit „Start?" nach dem kleinsten gewünschten x-Wert und schlägt dabei eine „1" vor. Überschreibe die 1 z.B. mit [(−)] [5] [=]. Dann wirst Du nach dem größten gewünschten x-Wert gefragt („End?") und es wird eine 5 vorgeschlagen. Bestätige sie z.B. mit [=]. Schließlich wirst Du mit „Step?" nach der gewünschten Schrittweite Deiner Tabelle gefragt. Verändere die vorgegebene 1 zu .5 und bestätige mit [=] - und der Anfang der Tabelle erscheint.

	X	F(X)
1	-5	14.5
2	-4.5	10.5
3	-4	7

-5

In der Tabelle kannst Du Dich mithilfe der Scrolltasten ▼ bzw. ▲ am REPLAY -Ring bewegen und Dir geeignete Zahlenpaare heraussuchen, z.B. (-3,5|-4), (-3|1,5), (-2,5|-0,5). Zeichne die Punkte in das vorbereitete Koordinatensystem und verbinde sie.

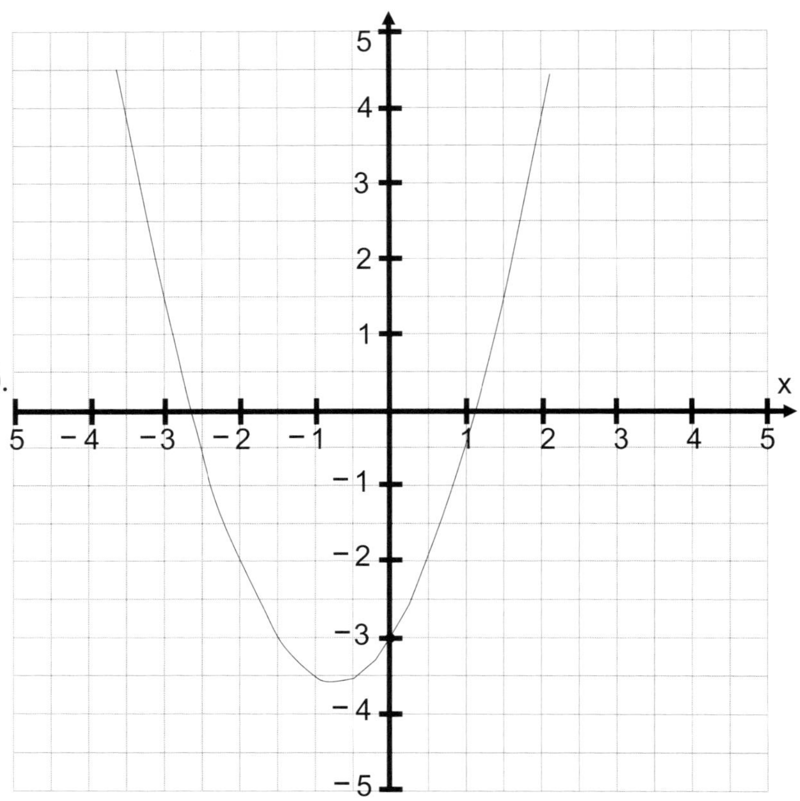

Verfahre analog mit den folgenden Parabeln.

a) $y = x^2 - 3x - 1{,}5$

b) $y = x^2 - x + 2{,}5$

c) $y = -x^2 + 3x + 1$

d) $y = -0{,}5x^2 - 1{,}5x + 2$

e) $y = -0{,}5x^2 + x + 2{,}5$

Die Lösungszeichnung befindet sich auf S. 21.

Quadratische Funktionen II

Bestimme die Funktionsgleichungen zu folgenden Parabeln f) - i)

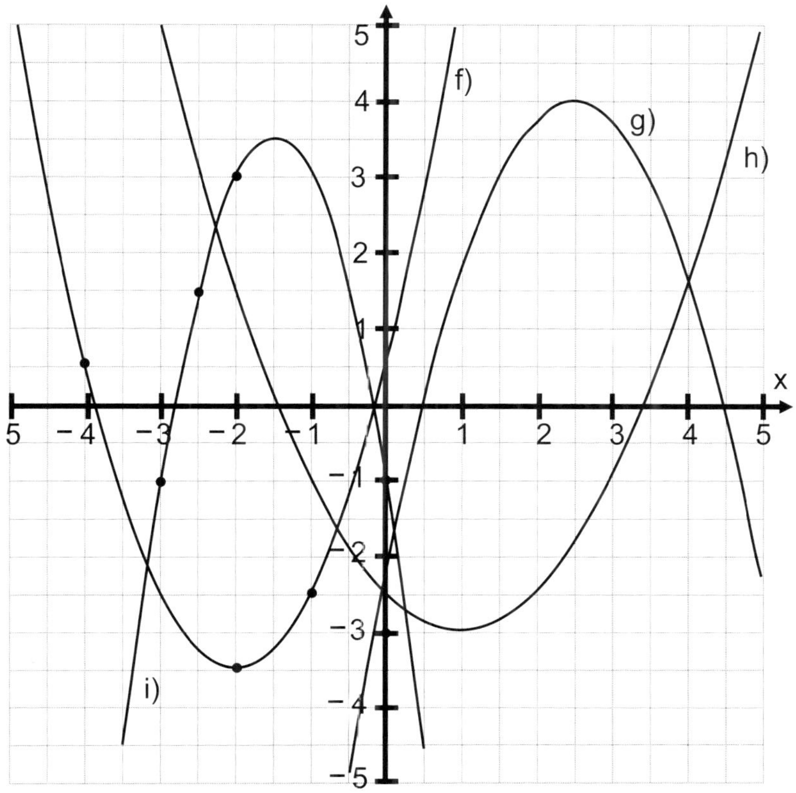

Die allgemeine Parabelgleichung hat die Form: $y = ax^2 + bx + c$.

Wenn Du Dir z.B. die Koordinaten von jeweils 3 Punkten auf einer Parabel herausschreibst, kannst Du Dir ein Gleichungssystem aufstellen, mit dessen Hilfe Du die Koeffizienten a, b und c berechnen kannst. (Vgl. Lineare Gleichungssysteme (3x3)). Bei Aufg. f) erhältst Du z.B. aus (-4|0.5), (-2|-3,5) und (-1|-2,5) die Gleichungen

$0{,}5 = 16a - 4b + c,$
$-3{,}5 = 4a - 2b + c$ und
$-2{,}5 = a - b + c$

mit der Lösung a = 1, b = 4 und c = 0,5. Zur Parabel gehört also die Gleichung $y = x^2 + 4x + 0{,}5$.

Lösungen (vor dem Kopieren evtl. abdecken!):

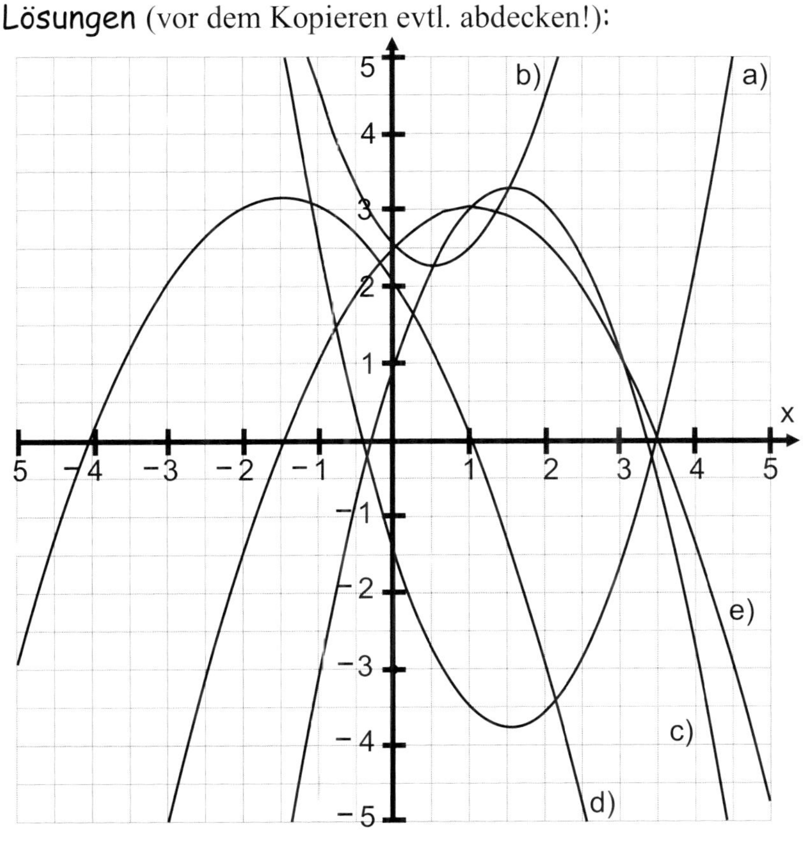

g) Z.B. (0,5|0), (1,5|3), (4,5|0)
$\Rightarrow y = -x^2 + 5x - 2{,}25$

h) Z.B. (-1|1), (2|-2,5), (4|1,5)
$\Rightarrow y = \frac{1}{2}x^2 - x - 2{,}5$

i) Z.B. (-3|-1), (-2|3), (0I-1)
$\Rightarrow y = -2x^2 - 6x - 1$

Quadratische Gleichungen

Quadratische Gleichungen werden üblicherweise aus der Normalform $x^2 + px + q = 0$ mit der sogen. p-q-Formel gelöst: $x_{1,2} = -\frac{p}{2} \pm \sqrt{\left(\frac{p}{2}\right)^2 - q}$.

Bei q = 0 löst man die Gleichung evtl. schneller durch Ausklammern von x und null setzen der beiden Faktoren, bei p = 0 durch Auflösen nach x^2 und Wurzel ziehen.

Beispiel-**Aufgabe:**

Berechne die Lösungen von $x^2 + 6x - 15 = 0$. Man liest aus der Gleichung ab: p = 6 und q = -15. Dann ergibt sich $x_{1,2}$ als $x_{1,2} = -\frac{6}{2} \pm \sqrt{\left(\frac{6}{2}\right)^2 - (-15)}$. Wir berechnen zunächst die Wurzel: [√■] [(] [6] [÷] [2] [)] [x²] [−] [(−)] [1] [5] [=] | $2\sqrt{6}$ | und dann speichern wir sie z.B. im Speicher M weg: [M+]. Nun können wir weiterrechnen:

[(−)] [6] [÷] [2] [+] [RCL] [M+] [=] | $-3 + 2\sqrt{6}$ | und [(−)] [6] [÷] [2] [−] [RCL] [M+] [=] | $-3 + 2\sqrt{6}$ |

Selbstverständlich wird die Rechnung kürzer, wenn man einen Teil der Rechnung im Kopf erledigt: [√■] [3] [x²] [+] [1] [5] [=] | $2\sqrt{6}$ | und weiter [(−)] [3] [+] [RCL] [M+] [=] | $-3 + 2\sqrt{6}$ | und [(−)] [3] [−] [RCL] [M+] [=] | $-3 + 2\sqrt{6}$ |

Wird das Ergebnis als Dezimalzahl benötigt schaltet man mit [S⇔D] auf die andere Anzeige um und erhält: | 1.898979486 | bzw. | -7.898979486 |, was aber wohl noch geeignet gerundet werden sollte.

Berechne:

a) $x^2 - 23x + 7 = 0$ b) $x^2 - 18x + 13 = 0$ c) $x^2 + 11x - 3 = 0$

d) $x^2 - 26x - 23 = 0$ e) $x^2 - 5x - 18 = 0$ f) $x^2 - 2x - 11 = 0$

g) $x^2 - 12x + 36 = 0$ h) $0{,}25x^2 - 4x + 14 = 0$ i) $2x^2 - 20x + 45 = 0$

Lösungen (vor dem Kopieren evtl. abdecken!):

a) $x_{1,2} = 11{,}5 \pm \frac{\sqrt{501}}{2}$; L = {0,3085; 22,6915} b) $x_{1,2} = 9 \pm 2\sqrt{17}$; L = {0,7538; 17,2462}

c) $x_{1,2} = -5{,}5 \pm \frac{\sqrt{133}}{2}$; L = {0,2663; -11,2663} d) $x_{1,2} = 13 \pm 8\sqrt{3}$; L = {-0,8564; 26,8564}

e) $x_{1,2} = 2{,}5 \pm \frac{\sqrt{97}}{2}$; L = {-2,4244; 7,4244} f) $x_{1,2} = 1 \pm 2\sqrt{3}$; L {-2,4641; 4,4641}

g) $x_{1,2} = 6$; L = { } h) $x_{1,2} = 8 \pm 2\sqrt{2}$; L = {5,1716; 10,8284}

i) $x_{1,2} = 5 \pm \frac{\sqrt{10}}{2}$; L = {2,7639; 7,2360}

Quadratische Ungleichungen

Quadratische Ungleichungen löst man im allgemeinen rechnerisch, indem man
* die Lösungen der zugehörigen quadratischen Gleichung berechnet, dann
* den quadratischen Term in Linearfaktoren umschreibt und schließlich
* über Fallunterscheidungen das Produkt untersucht.

a) Beispiel: $x^2 + x - 6 < 0$

$x^2 + x - 6 = 0$ hat die Lösungen $x_{1,2} = -\frac{1}{2} \pm \sqrt{\frac{1}{4} + 6} = -\frac{1}{2} \pm \sqrt{6{,}25} \Rightarrow x_1 = -3 \vee x_2 = 2$

Man kann den quadratischen Term also auch schreiben als $(x+3)(x-2) < 0$.

Da ein Produkt genau dann kleiner als Null ist, wenn die Faktoren ungleich Null sind und verschiedene Vorzeichen haben, kommst Du zu der Fallunterscheidung:

1. Fall:

$x+3 < 0 \wedge x-2 > 0$

$x < -3 \wedge x > 2$

$L_1 = \{\ \}$

2. Fall:

$x+3 > 0 \wedge x-2 < 0$

$x > -3 \wedge x < 2$

$L_2 = \{x \in R \mid -3 < x < 2\}$

$$L = L_1 \cup L_2 = \{x \in R \mid -3 < x < 2\}$$

Überprüfe die Lösung zeichnerisch! D.h. zeichne die Parabel mit der Gleichung $y = x^2 + x - 6$ und schaue, für welche x-Werte die Funktionswerte negativ sind.

Löse entsprechend die Aufgaben b) $x^2 - 6{,}5x + 10 > 0$ c) $x^2 + 3{,}4x - 8 > 0$.

Lösungen (vor dem Kopieren evtl. abdecken!)

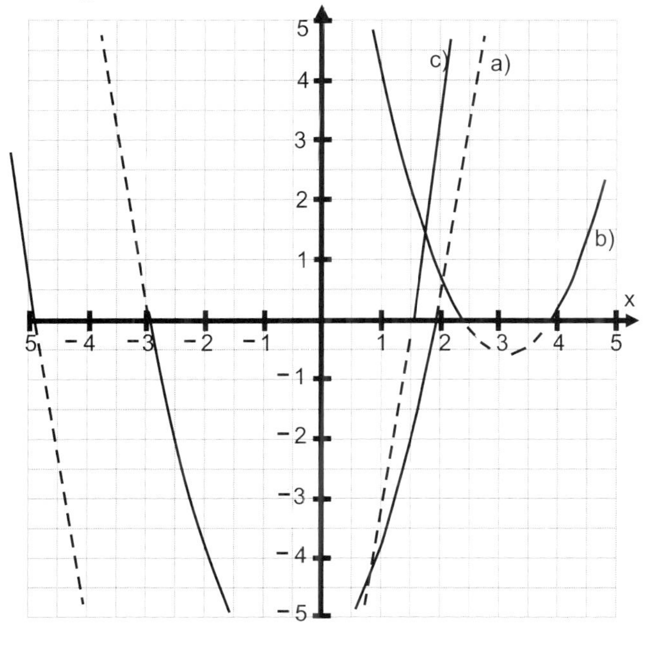

b) $(x-2{,}5)(x-4) > 0$

$L_1 = \{x \in R \mid x < 2{,}5\}$

$L_2 = \{x \in R \mid x > 4\}$

$L = \{x \in R \mid x < 2{,}5 \vee x > 4\}$

c) $(x-1{,}6)(x+5) > 0$

$L_1 = \{x \in R \mid x < -5\}$

$L_2 = \{x \in R \mid x > 1{,}6\}$

$L = \{x \in R \mid x < -5 \vee x > 1{,}6\}$

Reelle Zahlen (hier: Rechnen mit Wurzeln)

Diese neue Taschenrechner-Generation kann nun auch mit Wurzeln rechnen – einer großen Teilmenge der reellen Zahlen.

Beispiel: Berechne $13\sqrt{2} + 4\sqrt{5} - 7\sqrt{2}$

[1] [3] [√■] [2] [▶] [+] [4] [√■] [5] [▶] [−] [7] [√■] [2] [=] $4\sqrt{5} + 6\sqrt{2}$

Beachte: Willst Du nach einer Wurzeleingabe weiter rechnen, musst Du erst mit [▶] den Wurzelbereich verlassen.

Aufgaben:

Berechne!

a) $3\sqrt{3} + 6\sqrt{3} - 8\sqrt{3} =$

b) $3\sqrt{3}$?$6\sqrt{3} =$

c) $3\sqrt{3}$?$6\sqrt{6} =$

d) $6\sqrt{6} : 3\sqrt{3} =$

e) $6\sqrt{6} : (3\sqrt{3}) =$

f) $2 : \sqrt{2} =$

g) $(11\sqrt{11} - 7) \cdot \sqrt{12}$

h) $(4\sqrt{3} + 5\sqrt{7}) : (3\sqrt{21})$

i) $(3\sqrt{5} + 5\sqrt{3})(7\sqrt{5} - 6\sqrt{3})$

j) $(3\sqrt{5} + 5\sqrt{3})(3\sqrt{5} - 5\sqrt{3})$

k) $(3\sqrt{5} + 5\sqrt{3}):(7\sqrt{5} - 6\sqrt{3})$

l) $(11\sqrt{13} - 4\sqrt{3}) \cdot 5\sqrt{39}$

Lösungen (vor dem Kopieren evtl. abdecken!):

a) $\sqrt{3} \approx 1{,}7321$

b) 54

c) $54\sqrt{2} \approx 76{,}3675$

d) $6\sqrt{2} \approx 8{,}4853$

e) $2\sqrt{2} \approx 2{,}8284$

f) $\sqrt{2} \approx 1{,}4142$

g) $22\sqrt{33} - 14\sqrt{3} \approx 102{,}1317$ Kannst Du Dir dieses Ergebnis erklären?

h) $\dfrac{12\sqrt{7} + 35\sqrt{3}}{63} \approx 1{,}4662$ Kannst Du Dir dieses Ergebnis erklären?

i) $15 + 17\sqrt{15} \approx 80{,}8407$

j) -30

k) 2,9217 – und hier gibt der Rechner auf!

l) 1022,0833 – und hier auch!

Kurioses mit Wurzeln

Überprüfe mit Deinem TR welche der folgenden Aussagen wahr und welche falsch sind:

a) $\sqrt{49} = 4 + \sqrt{9} = - \sqrt{4} + 9$

b) $\sqrt{64} = 6 + \sqrt{4}$

c) $\sqrt{81} = 8 + 1$

d) $\sqrt{100} = 10 + 0$

e) $\sqrt{121} = 12 - 1$

f) $\sqrt{144} = 14 - \sqrt{4}$

g) $\sqrt{169} = 16 - \sqrt{9} = \sqrt{16} + 9$

h) $\sqrt{196} = 19 - 6$

i) $\sqrt{225} = 22 - 5$

j) $\sqrt{256} = 2 \cdot 5 + 6$

k) $\sqrt{289} = 28 - 9$

l) $\sqrt{324} = 3 \cdot (2 + 4)$

m) $\sqrt{361} = \sqrt{36} + 1$

n) $\sqrt{400} = \sqrt{4} \cdot \sqrt{100}$

o) $\sqrt{1225} = (1+2) \cdot (2+5)$

p) $\sqrt{1936} = -1 + 9 + 36$

q) $\sqrt{4356} = 4 \cdot 3 \cdot 5 + 6$

r) $\sqrt{6724} = 6 + 72 + 4$

s) $\sqrt{11881} = 118 - 8 - 1$

Für Fortgeschrittene:

y) $\sqrt[3]{5832} = 5 + 8 + 3 + 2$

z) $\sqrt[3]{12167} = 12 + \sqrt{16} + 7$

Lösungen (vor dem Kopieren evtl. abdecken!):

Wahr sind: a) – g), j, l, (n), p - s, sowie y und z.

Historisches zum Wurzelziehen I

Taschenrechner gibt es erst seit ca. 1970 – und die ersten hatten noch gar keine [√■]-Taste. Wie hat man denn vorher Wurzeln gezogen? Dazu hatte man Tabellen – es gab aber auch sogen. Näherungsverfahren. Eines davon geht auf Heron zurück, der um 100 n. Chr. in Alexandria lebte. In heutiger Schreibweise ist das die Iterationsformel

$x_{i+1} = \frac{1}{2}\left(x_i + \frac{a}{x_i}\right)$, die einen Näherungswert für x mit der Eigenschaft $x^2 = a$ bestimmt.

Beispiel:

Es soll die $\sqrt{5}$ bestimmt werden. Man überlegt sich einen Startwert (x_0), dessen Quadrat in der Nähe von 5 liegt, z.B. 2,1. Dann berechnet man mit der Formel x_1 zu

$x_1 = \frac{1}{2}\left(2{,}1 + \frac{5}{2{,}1}\right) \approx 2{,}24047619$ und weiter

$x_2 = \frac{1}{2}\left(2{,}24047619 + \frac{5}{2{,}24047619}\right) \approx 2{,}236072314$ und weiter

$x_3 = \frac{1}{2}\left(2{,}236072314 + \frac{5}{2{,}236072314}\right) \approx 2{,}236067978$ und Du siehst, die beiden letzten Ergebnisse stimmen schon in vielen Nachkommastellen überein. Dein Taschenrechner liefert übrigens mit der [√■]-Taste das Ergebnis 2.236067977 und zeigt, dass im letzten Ergebnis schon fast alle Dezimalen korrekt sind.

Übrigens: Selbstverständlich musstest Du beim Eintippen der letzten Iteration nicht alle Ziffern der vorherigen Näherung erneut eintippen. 2,236072314 stand ja im Ergebnisspeicher ANS. Ich hätte also getippt: [Ans] [+] [5] [÷] [Ans] [=] [÷] [2] [=].

Alles klar?

Berechne nach dem Verfahren von Heron

a) $\sqrt{2}$ b) $\sqrt{3}$ c) $\sqrt{10}$ d) $\sqrt{101{,}25}$

und vergleiche die Iterationsergebnisse mit den Ergebnissen durch Drücken der [√■]-Taste.

Lösungen (vor dem Kopieren evtl. abdecken!):

a) Z.B. $x_0 = 1{,}5 \Rightarrow x_1 = 1{,}416666667 \Rightarrow x_2 = 1{,}414215689$ [√■]: 1,414213562

b) Z.B. $x_0 = 1{,}5 \Rightarrow x_1 = 1{,}75 \Rightarrow x_2 = 1{,}732142857$ [√■]: 1,732050808

c) Z.B. $x_0 = 3{,}2 \Rightarrow x_1 = 3{,}1625 \Rightarrow x_2 = 3{,}162277668$ [√■]: 3,16227766

d) Z.B. $x_0 = 10{,}1 \Rightarrow x_1 = 10{,}06237624 \Rightarrow x_2 = 10{,}0623059$ [√■]: 10,0623059

Historisches zum Wurzelziehen II

Im Mittelalter war das Wissen um die Heron-Formel verloren gegangen – es wurde erst um 1920 auf alten Ton-Tafeln wieder entdeckt und rekonstruiert.

Im Mittelalter kannte man leider nur ein sehr viel ungenaueres Verfahren. Wollte man z.B. $\sqrt{65}$ berechnen, so „spaltete" man die Zahl 65 in eine nahe gelegene Quadratzahl auf und den „Rest": $\sqrt{65} = \sqrt{64+1}$.

Nun rechnete man: $\sqrt{65} \approx 8 + \dfrac{1}{2 \cdot 8 + 1}$

$\sqrt{65} \approx 8\dfrac{1}{17} \approx 8{,}058823529$ [√■]: 8,062257748

Man erhält also eigentlich nur: $\sqrt{65} \approx 8.06$

2. Beispiel: $\sqrt{63} = \sqrt{64-1}$

Man rechnete $\sqrt{63} \approx 8 + \dfrac{-1}{2 \cdot 8 + 1}$

$\sqrt{63} \approx 8 - \dfrac{1}{17} \approx 7{,}941176471$ [√■]: 7,937253933

Man erhält eigentlich nur: $\sqrt{63} \approx 7{,}94$

Berechne nach dem mittelalterlichen Verfahren

a) $\sqrt{10}$ b) $\sqrt{101{,}25}$ c) $\sqrt{145}$ d) $\sqrt{630}$ e) $\sqrt{899}$

und vergleiche die Ergebnisse mit den Ergebnissen durch Drücken der [√■]-Taste.

Lösungen (vor dem Kopieren evtl. abdecken!):

a) $\sqrt{10} = \sqrt{9+1} \Rightarrow \sqrt{10} \approx 3 + \dfrac{1}{2 \cdot 3 + 1}$ = 3,1428... [√■]: 3,1622766

b) $\sqrt{101{,}25} = \sqrt{100+1{,}25} \Rightarrow \sqrt{101{,}25} \approx 10 + \dfrac{1{,}25}{2 \cdot 10 + 1}$ = 10.0595... [√■]: 10,0623059

c) $\sqrt{145} = \sqrt{144+1} \Rightarrow \sqrt{145} \approx 12 + \dfrac{1}{2 \cdot 12 + 1}$ = 12,04 [√■]: 12,04159458

d) $\sqrt{630} = \sqrt{625+5} \Rightarrow \sqrt{630} \approx 25 + \dfrac{5}{2 \cdot 25 + 1}$ = 25,098 [√■]: 25,0998008

e) $\sqrt{899} = \sqrt{900-1} \Rightarrow \sqrt{899} \approx 30 + \dfrac{-1}{2 \cdot 30 + 1}$ = 29,9836 [√■]: 29.9833287

Wurzelgleichungen

Auch bei den Wurzelgleichungen sind Taschenrechner im Wesentlichen nur für Nebenrechnungen zu gebrauchen. Die algebraischen Umformungen wie Quadrieren, Ausmultiplizieren, Zusammenfassen und Ordnen muss jeder Nutzer noch selber beherrschen.

Beispiel: Ermittle die Definitions- und die Lösungsmenge zu $\sqrt{5x-8} = 31$.

$D = \{x \in R \mid x \geq \frac{8}{5}\}$; $5x - 8 = 961 \Rightarrow 5x = 969 \Rightarrow x = 193{,}8$; $L = \{193{,}8\}$

Probe: $\sqrt{5 \cdot 193{,}8 - 8} = 31$ wahr

Übungsaufgaben: Ermittle die Definitions- und die Lösungsmenge zu:

a) $\sqrt{x^2 + 19} = x + 10$

b) $\sqrt{3x-6} = \sqrt{5x-10}$

c) $\sqrt{4x+2} = 2\sqrt{50x+4}$

d) $\sqrt{2x^2-1} = 3x - 4$

e) $x + 2\sqrt{x} = 5$

f) $\sqrt{3+4x} + 5 = 4$

Lösungen (vor dem Kopieren evtl. abdecken!):

a) $D = R$; $x^2 + 19 = x^2 + 20x + 100 \Rightarrow x = -\frac{81}{20} = -4{,}05$; $L = \{-4{,}05\}$

Probe: l.S.: $\sqrt{4{,}05^2 + 19} = 5{,}95$ r.S.: $-4{,}05 + 10 = 5{,}95$ wahr

b) $D = \{x \in R \mid x \geq 2\}$; $3x - 6 = 5x - 10 \Rightarrow x = 2$; $L = \{2\}$

Probe: l.S.: $\sqrt{3 \cdot 2 - 6} = 0$ r.S.: $\sqrt{5 \cdot 2 - 10} = 0$ wahr

c) $D = \{x \in R \mid x \quad -0{,}08\}$; $4x + 2 = 4(50x + 4) \Rightarrow x = -\frac{1}{14}$ $L = \{-\frac{1}{14}\}$

Probe: l.S.: $\sqrt{4 \cdot \left(-\frac{1}{14}\right) + 2} = \frac{2\sqrt{21}}{7}$ r.S.: $2\sqrt{50 \cdot \left(-\frac{1}{14}\right) + 4} = \frac{2\sqrt{21}}{7}$ wahr

d) $D = R \setminus \left]-\sqrt{\tfrac{1}{2}}; \sqrt{\tfrac{1}{2}}\right[$, $2x^2 - 1 = 9x^2 - 12x + 16 \Rightarrow x^2 - \frac{12}{7}x + \frac{17}{7} = 0$

$x = \frac{6}{7} \pm \sqrt{\left(\frac{6}{7}\right)^2 - \frac{17}{7}}$. Der Radikand ist negativ! $\Rightarrow L = \{\,\}$

e) $D = \{x \in R \mid x \geq 0\}$; $2\sqrt{x} = 5 - x$ (d.h. $5-x > 0$) $\Rightarrow 4x = 25 - 10x + x^2$

$\Rightarrow x^2 - 14x + 25 = 0$ $x_{1,2} = 7 \pm 2\sqrt{6}$ Probe 1: l.S.: $7-2\sqrt{6} + 2\sqrt{7-2\sqrt{6}} = 5$ wahr

Probe 2: l.S.: $7+2\sqrt{6} + 2\sqrt{7+2\sqrt{6}} \approx 18.798$ falsch (s.o.) $L = \{7-2\sqrt{6}\}$

f) $D = \{x \in R \mid x \geq -\frac{3}{4}\}$; $\sqrt{3+4x} = -1$ ist unmöglich, weil eine Wurzel stets ≥ 0 ist.

$L = \{\,\}$

Satzgruppe des Pythagoras

Zur Satzgruppe des Pythagoras gehören der eigentliche Satz des Pythagoras $a^2 + b^2 = c^2$, sowie die beiden euklidischen Kathetensätze $a^2 = c \cdot p$ und $b^2 = c \cdot q$ und der Höhensatz $p \cdot q = h^2$.

Berechne aus den gegebenen Stücken der rechtwinkligen Dreiecke ($\gamma = 90°$) die fehlenden Stücke und den Flächeninhalt A.

Bedenke: Wenn Du aus einem Zwischenergebnis die Wurzel ziehen willst, hilft Dir [√■] [Ans] [=].

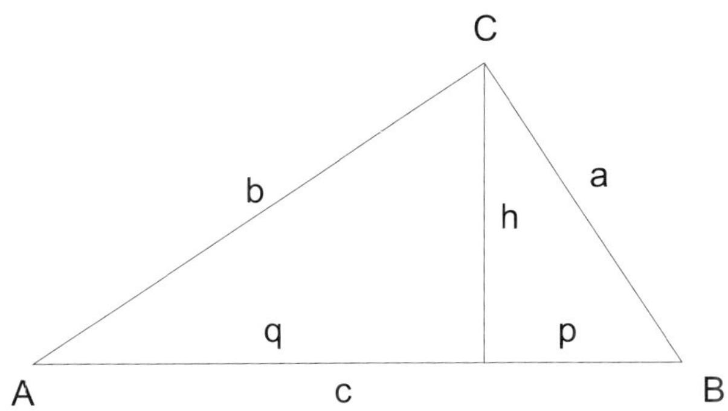

a) a = 61,79 cm, b = 34,81 cm

b) p = 27,06 cm, q = 23,16 cm

c) b = 21,43 cm, c = 94,29 cm

d) h = 14,03 cm, p = 40,42 cm

e) A = 424,20 cm^2, c = 87,21 cm

f) q = 53,76 cm, h = 13,68 cm

g) b = 23,96 cm, A = 594,81 cm^2

h) a = 91,97 cm, c = 130,48 cm

i) c = 88,09 cm, h = 5,98 cm

Lösungen (vor dem Kopieren evtl. abdecken!)
Beachte: Die Rundungen können etwas von der Reihenfolge der Rechnungen abhängen.

a) c = 70,92 cm, p = 53,84 cm, q = 17,08 cm, h = 30,32 cm und A = 1075, 45 cm^2

b) c = 50,22 cm, h = 25,03 cm, a = 36,86 cm, b = 34,11 cm und A = 628,46 cm^2

c) a = 91,82 cm, p = 89,41 cm, q = 4,87 cm, h = 20.87 cm und A = 983,65 cm^2

d) q = 4,87 cm, c = 45,29 cm, a = 42,79 cm, b = 14,85 cm und A = 317,720 cm^2

e) h = 9,73 cm, p = 86,11 cm, q = 1,09 cm, a = 86,66 cm und b = 9,75 cm oder
h = 9,73 cm, p = 1,09 cm. q = 86,11 cm, a = 9,75 cm und b = 86,66 cm

f) p = 3,48 cm, c = 57,24 cm, a = 14,11 cm, b = 55,47 cm und A = 391,34 cm^2

g) a = 49,65 cm, c = 55,13 cm, p = 44,71 cm, q = 10,41 cm und h = 21,57 cm

h) b = 92,56 cm, p = 64,83 cm, q = 65,66 cm, h = 65,24 cm und A = 4256,37 cm^2

i) p = 87,68 cm, q = 0,41 cm, a = 87,88 cm, b = 6,01 cm und A = 263,39 cm^2 oder
p = 0,41 cm, q = 87,68 cm, a = 6,01 cm, b = 87,88 cm und A = 263,39 cm^2

Potenzfunktionen I

Zum Zeichnen eines Funktionsgraphen ist es vorteilhaft, sich eine Funktionswerte-Tabelle zu berechnen. Hierzu hat Dein Rechner eine Tabellen-Funktion, die Du durch (Mode Setup) [3] ansteuern kannst. Dann gibst Du hinter f(x)= den Funktionsterm z.B.

$x^3 + 2x^2 - 6x + 3$ durch Drücken der Tasten

(ALPHA) [ )] [x^3] [+] [6] (ALPHA) [ )] [x^2] [−] [6] (ALPHA) [ )] [+] [3] [=] ein. (Die Mal-Zeichen dürfen also weggelassen werden.)

Der Rechner fragt dann mit „Start?" nach dem kleinsten gewünschten x-Wert und schlägt dabei eine „1" vor. Überschreibe die 1 z.B. mit [(−)] [5] [=]. Dann wirst Du nach dem größten gewünschten x-Wert gefragt („End?") und es wird eine 5 vorgeschlagen. Bestätige sie z.B. mit [=]. Schließlich wirst Du mit „Step?" nach der gewünschten Schrittweite Deiner Tabelle gefragt. Verändere die vorgegebene 1 zu .5 und bestätige mit [=] - und der Anfang der Tabelle erscheint.

	X	F(X)
1	- 4.5	-20.62
2	- 4	- 5
3	- 3.5	5.625

-3.5

In der Tabelle kannst Du Dich mithilfe der Scrolltasten ▼ bzw. ▲ am (REPLAY)-Ring bewegen und Dir geeignete Zahlenpaare heraussuchen, z.B. (-4|-5), (-3|12), (-2|15).

Zeichne die Punkte in das vorbereitete Koordinatensystem und verbinde sie.

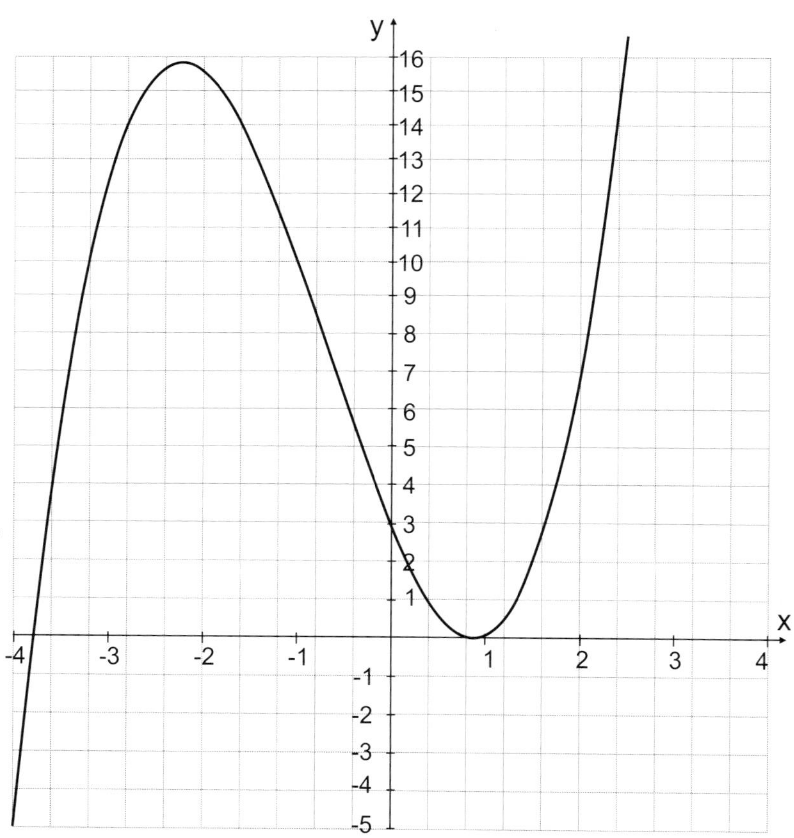

Verfahre analog mit den folgenden Funktionen:

a) $f_a: x \mapsto \frac{1}{10}x^4 - \frac{1}{3}x^3 + \frac{3}{2}x - 3$

b) $f_b: x \mapsto -\frac{1}{2}x^3 + 2x^2 - 1$

c) $f_c: x \mapsto -\frac{1}{6}x^4 + 2x^2 - 1$

Die Lösungszeichnung befindet sich auf S. 31.

Potenzfunktionen II

Den Funktionsterm im Beispiel der vorigen Seite hättest Du z.B. auch wie folgt schreiben können: $[(x + 2) \cdot x - 6] \cdot x + 3$. Rechne durch Ausmultiplizieren nach.
In dieser Form kann man die Funktionswerte für kleine ganze x sehr leicht im Kopf berechnen – und für „krumme" sehr einfach mit dem Taschenrechner, wenn man den x-Wert z.B. im Speicher M zwischenspeichert. Dieses Verfahren geht auf W.G. Horner (1786-1837) zurück und wird deshalb auch Horner-Schema genannt.

Probier's einmal für x = 2: $[(2 + 2) \cdot 2 - 6] \cdot 2 + 3 = 7$ oder für x = -2,230138587 im COMP-Modus mit -2,230138587 [SHIFT] [RCL] [M+] und dann [(] [(] [RCL] [M+] [+] [2] [)] [×] [RCL] [M+] [−] [6] [)] [×] [RCL] [M+] [+] [3] [=] | 15,23623309 |

Berechne analog die Funktionswerte für

d) x = -1,9876   e) x = 0,45672   f) x = 3,5627

Die Umkehrung des Potenzierens ist das Wurzelziehen. Berechne Dir eine Wertetabelle für g) $f(x) = \sqrt{x+3}$ h) $f(x) = \sqrt{x^3+2x}$ i) $f(x) = \sqrt{2x^2+2x}$
und zeichne die Graphen in einem Koordinatensystem

Lösungen (vor dem Kopieren evtl. abdecken!)

d) 14,97458687   e) 0,7721349841   f) 52,23021262

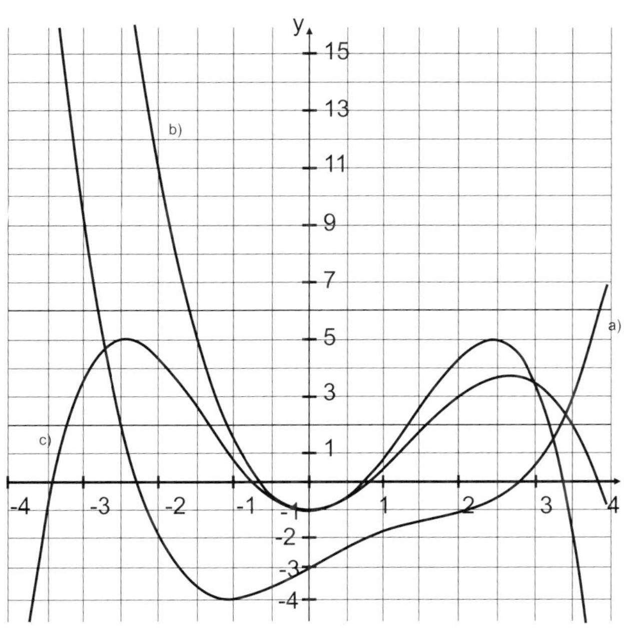

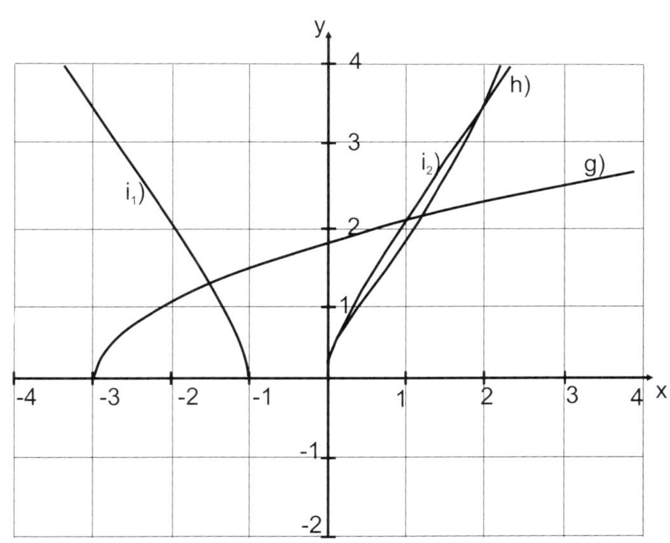

Der kleine TR-Test – mit Selbstkontrolle

Berechne die Aufgaben und lies über die angegebene Tabelle für die Ergebnis-**ziffernfolge** die Lösungswörter ab !

a)

Aufgabe		=	Buchst.
1)	$12 + 166$	= _____	_____
2)	$287 - 36$	= _____	_____
3)	$41 \cdot 5$	= _____	_____
4)	$1246 : 7$	= _____	_____
5)	$172 + 56$	= _____	_____
6)	$4 \cdot 3 \cdot 19$	= _____	_____
7)	$2 \cdot (38 + 51)$	= _____	_____
8)	12^2	= _____	_____
9)	$43 \cdot 2^2$	= _____	_____
10)	14^2	= _____	_____
11)	$13^2 - 2$	= _____	_____
12)	$12\sqrt{225} + 6$	= _____	_____
13)	$(2 \cdot 5 + 2)^2$	= _____	_____
14)	$6 \cdot (39 + 4)$	= _____	_____
15)	$2 \cdot (9^2 + 8)$	= _____	_____
16)	$4^2 + 5{,}9$	= _____	_____
17)	$0{,}4^2$	= _____	_____
18)	$0{,}6 \cdot (5^2 + 18)$	= _____	_____
19)	$2^2 \cdot (7{,}3 - 0{,}6)$	= _____	_____

b)

Aufgabe		=	Buchst.
1)	$2 \cdot (1{,}6 + 7{,}3)$	= _____	_____
2)	$0{,}5 \cdot (7^2 + 1) + 0{,}1$	= _____	_____
3)	$10^2 : 4 + 0{,}1$	= _____	_____
4)	$3 \cdot 5{,}1$	= _____	_____
5)	$199 + 4 \cdot 13$	= _____	_____
6)	$122 + 2 \cdot 17$	= _____	_____
7)	$13^2 - 5^2$	= _____	_____
8)	$3 \cdot 6{,}2$	= _____	_____
9)	$2 \cdot 13{,}9$	= _____	_____
10)	$2^5 \cdot 0{,}7$	= _____	_____
11)	$1{,}7 \cdot 3^2$	= _____	_____
12)	$1{,}2 \cdot 1{,}9$	= _____	_____
13)	$8{,}34 : 3$	= _____	_____
14)	$0{,}7 \cdot 2^5$	= _____	_____
15)	$9 \cdot 1{,}1 + 3 \cdot 1{,}5$	= _____	_____
16)	$(3{,}4 + 5{,}5) \cdot 0{,}2$	= _____	_____
17)	$6 \cdot (1 + 3 \cdot 1{,}1)$	= _____	_____
18)	$(3{,}3 + 3 \cdot 0{,}8) \cdot 2^2$	= _____	_____

Übersetzungstabelle:

144 [Leerzeichen]

153 A	160 B	167 C	172 D	178 E	180 F	184 G	186 H	196 I	202 J	205 K
219 L	224 M	228 N	231 O	235 P	244 Q	251 R	258 S	268 T	278 U	280 V
286 W	296 X	299 Y	303 Z	313 Ä	315 Ö	323 Ü	330 ß			

Lösungswörter: a) ERKENNE DICH SELBST b) ERRARE HUMANUM EST (lat.)
(Irren ist menschlich; Cicero)

„Höhere" Wurzeln

Dein Taschenrechner kann auch mit höheren Wurzeln rechnen, wie z.B. $\sqrt[3]{2}$ oder $\sqrt[5]{86}$.

Solche Wurzeln sind in der Mathematik eigentlich definiert als diejenigen positiven Zahlen x für die gilt: $x^n = a$. Dein Taschenrechner liefert aber z.B. auch für $x^3 = -8$ eine Lösung: $\sqrt[3]{-8} = -2$; er bietet hier also eine Lösung der kubischen Gleichung an, nicht die 3. Wurzel.

Eingabe: [3] [SHIFT] [$x^{■}$] [(−)] [8] [=] | -2 |

1) Schreibe als dezimalen Näherungswert!

a) $\sqrt[4]{26,87}$ b) $\sqrt[5]{18,9}$ c) $\sqrt[10]{1024}$ d) $\sqrt[7]{346}$ e) $\sqrt[8]{9,95}$

2) Berechne!

a) $\sqrt[3]{3} \cdot \sqrt[5]{5}$ b) $\sqrt[6]{42} + \sqrt[4]{17} - \sqrt[3]{2}$ c) $\left(\sqrt[5]{48}\right)^3$

Vergleichbar zur Heron-Iteration für die Quadratwurzel gibt es auch eine verallgemeinerte Iteration für die n-te Wurzel. Wie Du gleich sehen wirst, konvergiert dieses Verfahren aber nicht so schnell, d.h. man muss in der Regel mehrere Male iterieren, um einige gültige Dezimalen zu erhalten: $X_{i+1} = \frac{1}{n}\left((n-1)x_i + \frac{a}{x_i^{n-1}}\right)$

3) Berechne nach diesem Verfahren

a) $\sqrt[3]{10}$ b) $\sqrt[5]{86}$ c) $\sqrt[7]{101}$

und vergleiche die Iterationsergebnisse mit den Ergebnissen durch Benutzen der ($^{■}\sqrt{□}$)-Funktionstaste.

Lösungen (vor dem Kopieren evtl. abdecken!)

1) a) 2,2768 b) 1,8001 c) 2 d) 2,3053 e) 1,3327

2) a) 1,9899 b) 2,6350 c) 10,2034

3) a) Also n = 3 z.B. mit Startwert $x_0 = 1{,}5$: $x_1 = 2{,}81481481$ $x_2 = 2{,}195644222$
$x_3 = 2{,}155203303$ $x_4 = 2{,}154434964$ ($^{■}\sqrt{□}$): 2.15443469

b) Also n = 5 z.B. mit Startwert $x_0 = 2{,}5$: $x_1 = 2{,}44032$ $x_2 = 2{,}437255544$
$x_3 = 2{,}437247818$ $x_4 = 2{,}437247818$ ($^{■}\sqrt{□}$): 2.437247818

c) Also n = 7 z.B. mit Startwert $x_0 = 2$: $x_1 = 1{,}939732143$ $x_2 = 1{,}933504943$
$x_3 = 1{,}933444128$ $x_4 = 1{,}933444121$ ($^{■}\sqrt{□}$): 1.933444121

Kreis und Kugel

Bei Berechnungen an Kreis und Kugel spielt die Zahl π eine Rolle. Auf Deinem Taschenrechner ist sie deshalb extra hinterlegt. Mit [SHIFT] [x10^x] (π) erhältst Du in der Anzeige ein π, mit dem Du rechnen kannst und das dem Wert [3.141592654] entspricht.

Kleine Formelsammlung:

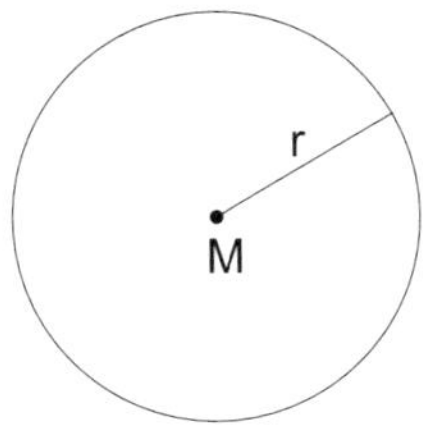

$u = 2 \cdot \pi \cdot r$

$A = \pi \cdot r^2$

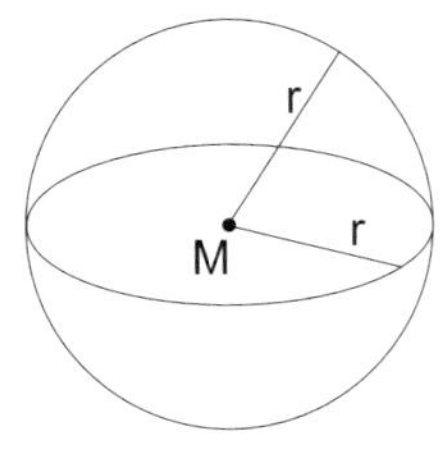

$u = 2 \cdot \pi \cdot r$

$A = 4 \cdot \pi \cdot r^2$

$V = \frac{4}{3} \cdot \pi \cdot r^3$

Aufgaben (Beachte: Große Zahlen schreibt man gern mit einer 10-er-Potenz als Faktor. Dein Taschenrechner hat zu dessen vereinfachter Eingabe eine [x10^x]-Taste.)

a) Welchen Umfang u und welchen Flächeninhalt A hat ein Kreis mit dem Durchmesser 2,25 m?

b) Ein Fahrradreifen hat den Umfang u = 216,8 cm. Wie groß ist der Radius des Reifens?

c) Ein Autoreifen hat einen Durchmesser von 56 cm. Wie viel Meter legt er bei einer Umdrehung zurück?

d) Ein Gasbehälter hat die Form einer Kugel mit einem Durchmesser von 2,5 m. Wie groß ist sein Fassungsvermögen? Welche Oberfläche hat der Gasbehälter?

e) Der mittlere Erdradius ist 6371 km. Wie groß ist das Volumen der Erde?
Die mittlere Dichte der Erde ist 5,52 g/cm³. Welche Masse hat die Erde?
Wie groß ist die Oberfläche? Wenn $\frac{2}{3}$ davon Wasseroberfläche ist, wie viele Quadratkilometer sind das?

f) Der mittlere Sonnenradius ist $696{,}4 \cdot 10^5$ km. Wie groß ist das Volumen der Sonne?
Die Sonne ist 333000-mal so schwer wie die Erde. Wie groß ist ihre Dichte?

Lösungen (vor dem Kopieren evtl. abdecken!)

a) $r = \frac{1}{2} d = 2{,}125 \text{ m} \Rightarrow u = 2\pi \cdot 2{,}125 \text{ m} = 7{,}067 \text{ m}, \quad A = \pi \cdot 2{,}125^2 \text{ m}^2 = 14{,}19 \text{ m}^2$

b) $r = \frac{u}{2\pi} = \frac{216{,}8}{2\pi} \text{ cm} = 34{,}5 \text{ cm}$

c) $u = \pi \cdot d = 56\pi \text{ cm} = 1{,}76 \text{ m}$

d) $r = \frac{1}{2} d = 1{,}25 \text{ m} \Rightarrow V = \frac{4}{3}\pi \cdot 1{,}25^3 \text{ m}^3 = 8{,}181 \text{ m}^3, \quad A = 4\pi \cdot 1{,}25^2 \text{ m}^2 = 19{,}63 \text{ m}^2$

e) $V = \frac{4}{3}\pi \cdot r^3 = \frac{4}{3}\pi \cdot 6371^3 \text{ km}^3 = 1{,}083 \cdot 10^{12} \text{ km}^3, \quad m = \rho \cdot V = 5{,}52 \cdot 1{,}083 \cdot 10^{21} \text{ t} = 5{,}978\ 10^{21} \text{ t}$

$A = 4\pi \cdot r^2 = 4\pi \cdot 6371^2 \text{ km}^2 = 5{,}1\ 10^8 \text{ km}^2 \xrightarrow{2/3} A_W = 340\ 000\ 000 \text{ km}^2 = 3{,}4 \cdot 10^8 \text{ km}^2$

f) $V = \frac{4}{3}\pi \cdot r^3 = \frac{4}{3}\pi \cdot (696{,}4 \cdot 10^5)^3 \text{ km}^3 = 1{,}412 \cdot 10^8 \text{ km}^3, \quad \rho = \frac{333000 \cdot 5{,}978 \cdot 10^{21}}{1.412 \cdot 10^{18}} \frac{\text{t}}{\text{km}^3} = 1.409 \frac{\text{g}}{\text{cm}^3}$

Körperberechnungen

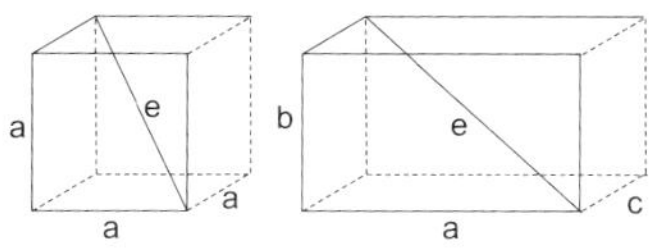

Die Formeln zur Berechnung von Volumen, Oberfläche und Länge der Raumdiagonale von Würfel und Quader sind Dir sicher bekannt:

Würfel: $V = a^3$, $A = 6a^2$ und $e = a\sqrt{3}$

Quader: $V = abc$, $A = 2(ab + ac + bc)$ und $e = \sqrt{a^2+b^2+c^2}$

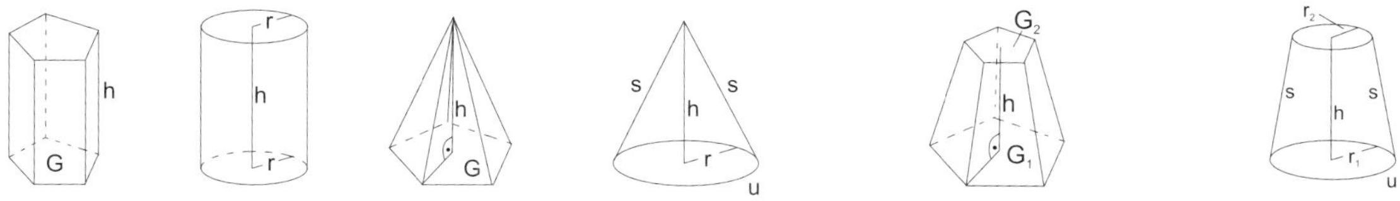

Prisma	Zylinder	Pyramide	Kegel	Pyramidenstumpf	Kegelstumpf
$V = G \cdot h$	$V = \pi \cdot r^2 \cdot h$	$V = \frac{1}{3} G \cdot h$	$V = \frac{1}{3}\pi \cdot r^2 \cdot h$	$V = \frac{1}{3} \cdot h(G_1 + \sqrt{G_1 G_2} + G_2)$	$V = \frac{1}{3}\pi \cdot h(r_1^2 + r_1 r_2 + r_2^2)$
	$M = 2\pi \cdot r \cdot h$		$M = \pi \cdot r \cdot s$	$\approx \frac{1}{2} \cdot h(G_1 + G_2)$	$M = \pi \cdot s \cdot (r_1 + r_2)$
			$O = \pi \cdot r \cdot (r+s)$		

Aufgaben:

a) Ein kegelförmiger Sandhaufen hat ein Volumen von 312 m^3 und eine Höhe von 8,70 m. Berechne seinen Radius und seine Mangelfläche.

b) Ein Pyramidenzelt ist aus 3 Zeltbahnen aufgebaut, die gleichseitige Dreiecke von 2,20 m Seitenlänge sind. Bestimme die Zelthöhe und den Zeltraum.

c) Die Cheops-Pyramide hat eine quadratische Grundfläche mit 230 m Seitenlänge. Sie war ursprünglich 137 m hoch. Wie viele Lastwagen mit einem Zuladegewicht (Masse) von 25 t wären nötig, diese Steinmasse heranzuschaffen? (ρ = 2,3 g/cm^3)

d) Der Stamm einer Kiefer ist 15 m lang. Er hat einen unteren Umfang von 90 cm und einen oberen von 40 cm. Wie viel Holz enthält der Stamm? Welche Masse hat er? (ρ = 0,7 g/cm^3) Förster rechnen das gesuchte Volumen meist näherungsweise mit der Formel für das Volumen eines Zylinders aus. Als Radius r wählen sie dabei $r = \frac{u_1 + u_2}{4\pi}$. Welches Volumen ergibt sich nach dieser Formel?

Lösungen (vor dem Kopieren evtl. abdecken!)

a) $r^2 = \frac{3V}{\pi \cdot h} = 34{,}25\ m^2 \Rightarrow r = 5{,}85$ m. $s = \sqrt{r^2 + h^2} = 10{,}49$ m, $M = \pi \cdot r \cdot s = 192{,}8\ m^2$

b) $h_G = s \cdot \sqrt{\frac{3}{4}}$, $h_R = \sqrt{\frac{2}{3}} \cdot s$, $V = \frac{1}{3} G \cdot h_R = \frac{1}{3} \cdot \frac{\sqrt{3}}{4} s^2 \cdot \sqrt{\frac{2}{3}} s = \frac{\sqrt{2}}{12} s^3 = 1{,}255\ m^3$

c) $V = \frac{1}{3} G \cdot h = \frac{1}{3} \cdot 230^2 \cdot 137\ m^3 = 2415766.667\ (m^3)$ ENG $2{,}4157... \cdot 10^6\ (m^3)$
$m = \rho \cdot V = 5{,}556 \cdot 10^6$ t, $n = 222\ 250{,}5$ (LKW)

d) $r_1 = \frac{0{,}90}{2\pi}$ m = 0,143, $r_2 = \frac{0{,}40}{2\pi}$ m = 0,0637 m, $V = \frac{1}{3}\pi \cdot h(r_1^2 + r_1 r_2 + r_2^2) = 0{,}528\ m^3$
$r_{mittel} = \frac{u_1 + u_2}{4\pi} = 0{,}1035$ m, $V_{ger} = \pi \cdot r^2 \cdot h = 0{,}5048\ m^3$

Exponentialfunktion

Eine Funktion f mit einer Gleichung $f(x) = c \cdot a^x$ ($a \in R^+$, $a \neq 1$, $c \neq 0$) heißt Exponentialfunktion zur Basis a. Zur Berechnung von Funktionswerten kommen auf Deinem Taschenrechner die Tasten [SHIFT] [log] ($10^{■}$), [SHIFT] [ln] ($e^{■}$) und [$x^{■}$] in Frage.

Berechne jeweils eine Wertetabelle zu

a) $y = 2^x$, b) $y = 3^x$, c) $y = 0{,}5^x$

und zeichne die zugehörigen Graphen in das nebenstehende Koordinatensystem.

Zur Erinnerung: Die Tabellenfunktion Deines Taschenrechners wird aufgerufen mit

Mode Setup

[ ] [3] .

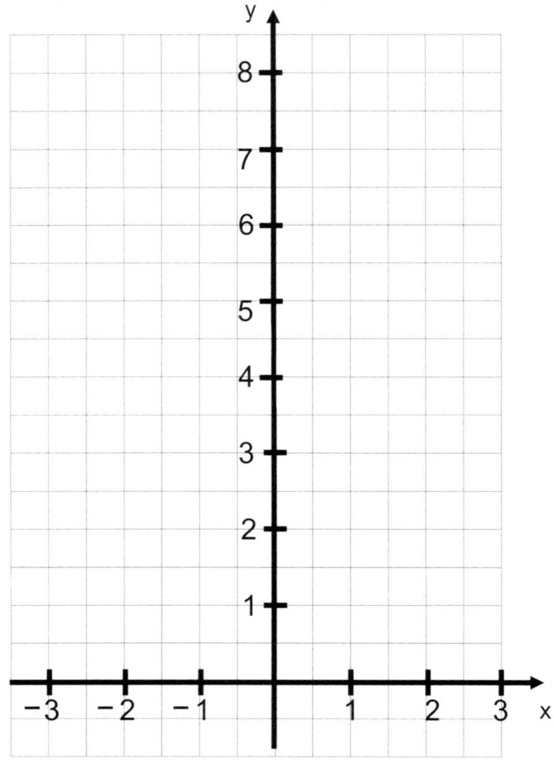

d) Berechne den Koeffizienten und die Basis einer Exponentialfunktion, deren Graph durch die Punkte (1,2 | 5), (2,1 | 7) geht.

e) Löse die Gleichung $5^x = 31$.

Lösungen (vor dem Kopieren evtl. abdecken!)

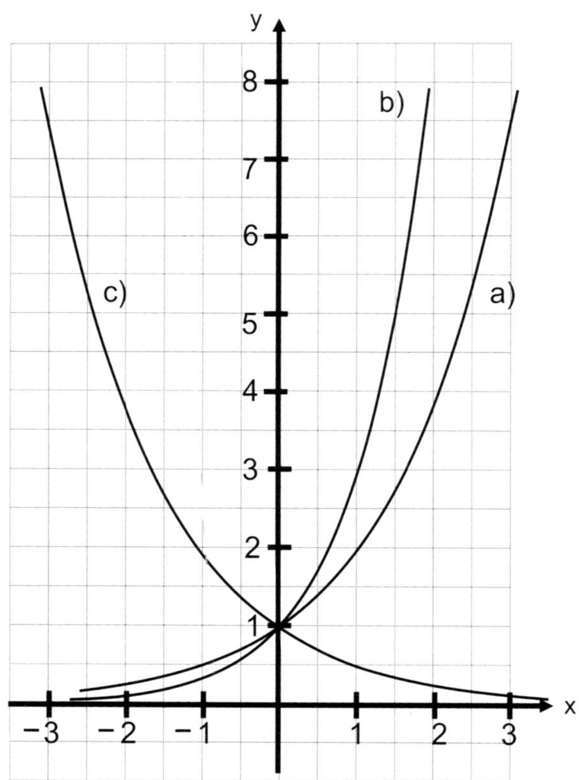

d) $5 = c \cdot a^{1,2}$

$7 = c \cdot a^{2,1}$

$$\frac{7}{5} = a^{0,9} \quad \Rightarrow \quad \log a = \frac{\log \frac{7}{5}}{0,9} = 0{,}162364...$$

$$a = 10^{0{,}162364...} = 1{,}4533$$

$$c = \frac{5}{1{,}4533...^{1,2}} = 3{,}1925...$$

$$\Rightarrow y = 3{,}1925 \cdot 1{,}4533^x$$

e) $x \cdot \log 5 = \log 31$

$$x = \frac{\log 31}{\log 5} = 2{,}133...$$

$L = \{2{,}133\}$

Logarithmusfunktion

In einer Gleichung $a^x = c$ nennt man das x einen Logarithmus von b zur Basis a. Man schreibt auch $x = \log_a b$. Am verbreitetsten wird mit Logarithmen zur Basis 10 (Bezeichnung: lg), zur Basis e (≈ 2,718281828) (Bezeichnung: ln; logarithmus naturalis) oder 2 (Bezeichnung: ld; logarithmus dualis) gerechnet. Zur Berechnung kommen auf Deinem Taschenrechner die Tasten [log], [ln] und [log▪□] in Frage.

Berechne jeweils eine Wertetabelle zu a) $y = \lg x$, b) $y = \ln x$, c) $y = \mathrm{ld}\, x$ und zeichne die zugehörigen Graphen in das unten stehende Koordinatensystem.

Beachte:
Die Tabellenfunktion Deines Taschenrechners wird aufgerufen mit Mode Setup [3].

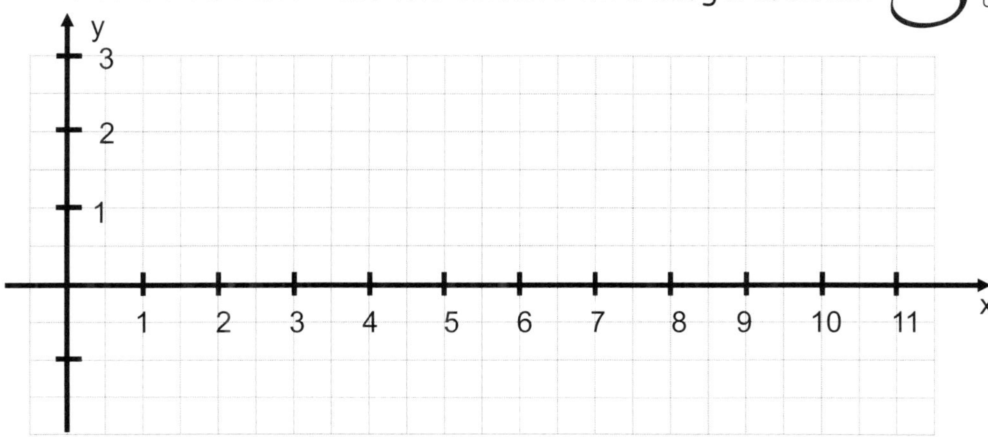

d) Der Luftdruck p nimmt mit wachsender Höhe h über dem Meeresspiegel ab. Wenn der Luftdruck in Meereshöhe 1013 hPa beträgt, berechnet sich der Luftdruck in x km Höhe näherungsweise durch $p(x) \approx 1013 \cdot 0{,}88^x$. In welcher Höhe beträgt der Luftdruck d_1) 800 hPa, d_2) 700 hPa, d_3) 500 hPa, d_4) 250 hPa?

e) Ermittle die Zeit in der sich ein Kapital K_0 bei einer Verzinsung mit 4,5% mit Zinseszins verdoppelt.

Lösungen (vor dem Kopieren evtl. abdecken!)

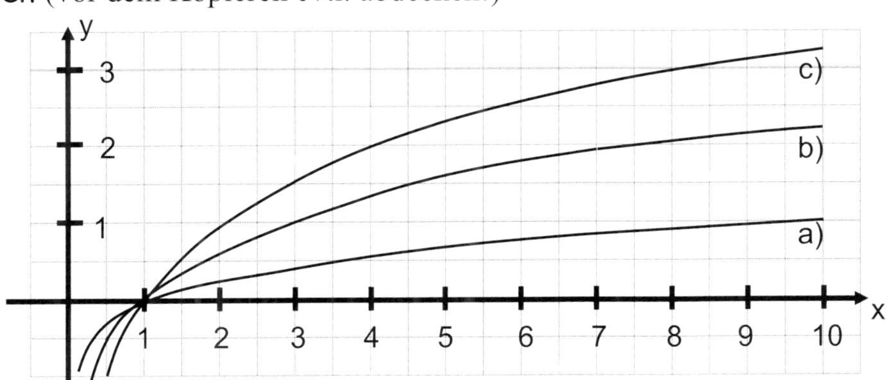

d) $x \cdot \log 0{,}88 = \lg \frac{\text{Luftdruck}}{1013}$ ⇒ d_1) 1,85 km, d_2) 2,89 km, d_3) 5,52 km, d_4) 10,95 km

e) $K_t = K_0 \cdot (1+p\%)^t$ ⇒ $2 = 1{,}045^t$ ⇒ $t = \frac{\log 2}{\log 1{,}045}$ = 15,75 (Jahre)

Trigonometrische Funktionen

Als trigonometrische Funktionen bezeichnet man u.a. die Winkelfunktionen sin x, cos x und tan x. Daneben gibt es noch die „alten" cot x := $\frac{1}{\tan x}$, sec x := $\frac{1}{\cos x}$ und cosec x := $\frac{1}{\sin x}$. Zur Berechnung kommen auf Deinem Taschenrechner die Tasten [sin], [cos] und [tan] in Frage.

Berechne jeweils eine Wertetabelle zu a) y = sin x, b) y = cos x, c) y = tan x und zeichne die zugehörigen Graphen in das unten stehende Koordinatensystem.
Zur Erinnerung: Die Tabellenfunktion Deines Taschenrechners wird aufgerufen mit [Mode Setup] [3]. Die Tastenkombination [SHIFT] [Mode Setup] [4] stellt Deinen Taschenrechner von Grad (°) auf Bogenmaß (rad) um.

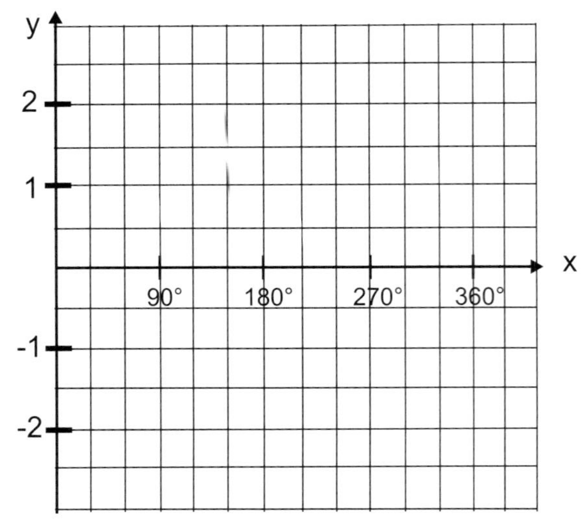

d) An einer Straße wird die Steigung mit 8% angezeigt. Wie groß ist der Steigungswinkel?

e) Die Tastenkombination [SHIFT] [Ans] (DRG▸) ruft ein Menu mit 3 Punkten auf:
1: ° 2: ʳ 3: ᵍ Sie dient der Umrechnung von Winkelangaben in °. Soll z.B. $\frac{\pi}{2}$ in Grad umgerechnet werden, drückt man [(] [SHIFT] [×10ˣ] (π) [÷] [2] [)] [SHIFT] [Ans] (DRG▸) [2] (r) [=] [90]
Rechne $\frac{\pi}{3}$ bzw. 1,5π in Grad um.

Lösungen (vor dem Kopieren evtl. abdecken!)

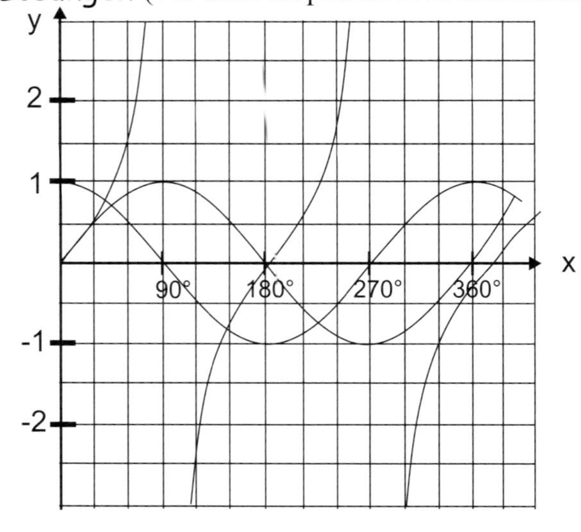

d) Die Steigung wird durch den Tangens des Winkels beschrieben. (Rechnermodus also im Setup auf Grad (°) einstellen!)

tan α = 0,08 ⇒ [SHIFT] [tan] [•] [0] [8] [=] [4.57...] (°).

e) $\frac{\pi}{3} \;\hat{=}\; 60°$

$1{,}5\pi \;\hat{=}\; 270°$

Sinus-Satz & Co

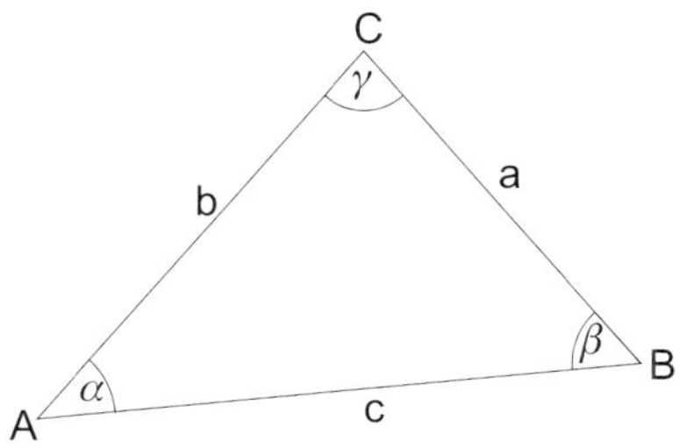

Du hast im Matheunterricht inzwischen vermutlich folgende Sätze / Zusammenhänge kennengelernt:

Sinussatz: $\frac{a}{\sin\alpha} = \frac{b}{\sin\beta} = \frac{c}{\sin\gamma} = 2r$

Kosinussatz: $a^2 = b^2 + c^2 - 2bc\cos\alpha$

$\begin{pmatrix} b^2 = a^2 + c^2 - 2ac\cos\beta \\ c^2 = a^2 + b^2 - 2ab\cos\gamma \end{pmatrix}$

$A = \frac{1}{2}ab\sin\gamma = \frac{abc}{4r}$ mit r = Radius des Umkreises

$= \sqrt{s(s-a)(s-b)(s-c)}$ (nach Heron) mit $s = \frac{1}{2}(a+b+c)$

Beachte: Der Winkelmodus soll für die folgenden Rechnungen auf Grad (°) eingestellt sein!

Aufgaben:

Skizziere das beschriebene Dreieck und berechne die fehlenden Stücke, den Flächeninhalt und den Radius des Umkreises.

a) $a = 7{,}3$ cm, $\alpha = 56{,}5°$, $\beta = 37°$

b) $c = 5{,}7$ cm, $\alpha = 48°$, $\beta = 56°$

c) $a = 7{,}8$ cm, $b = 6{,}3$ cm, $\alpha = 71°$

d) $a = 15{,}3$ cm, $b = 25{,}1$ cm, $c = 45{,}6$ cm

e) $r = 3{,}8$ cm, $\alpha = 43{,}9°$, $\gamma = 35.6°$

Kontrolliere Deine Ergebnisse mit einer Konstruktion.

Lösungen (vor dem Kopieren evtl. abdecken!)

a)

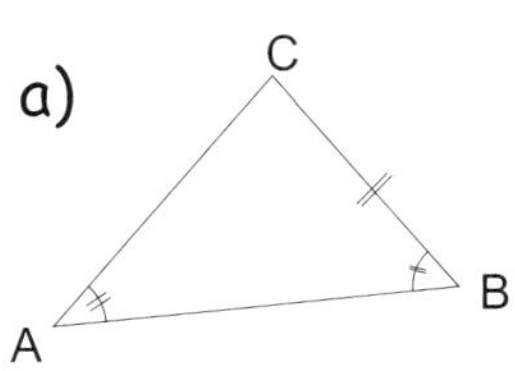

$b = \sin 37° \cdot \frac{7{,}3\text{ cm}}{\sin 56{,}5°} = 5{,}27$ cm

$\gamma = 180° - (56{,}5° + 37°) = 86{,}5°$

$c = \sin 86{,}5° \cdot \frac{7{,}3\text{ cm}}{\sin 56{,}5°} = 8{,}74$ cm

$A = \frac{1}{2} \cdot 7{,}3\text{ cm} \cdot 5{,}27\text{ cm} \cdot \sin 86{,}5° = 19{,}20\text{ cm}^2$

$r = \frac{7{,}3\text{ cm}}{2 \cdot \sin 56{,}5°} = 4{,}38$ cm

Sinus-Satz & Co (Fortsetzung der Lösungen)

b)

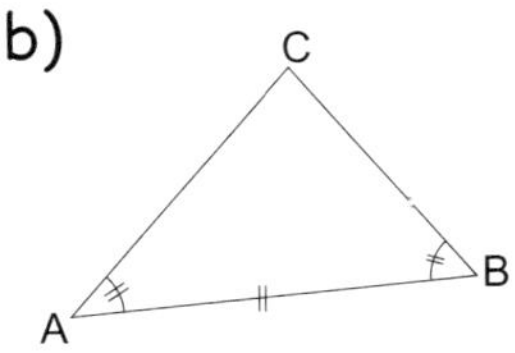

$\gamma = 180° - (48° + 56°) = 76°$

$b = \sin 56° \cdot \dfrac{5{,}7\text{ cm}}{\sin 76°} = 4{,}87\text{ cm}$

$a = \sin 48° \cdot \dfrac{5{,}7\text{ cm}}{\sin 76°} = 4{,}37\text{ cm}$

$A = \frac{1}{2} \cdot 4{,}37\text{ cm} \cdot 4{,}87\text{ cm} \cdot \sin 76° = 10{,}32\text{ cm}^2$

$r = \dfrac{5{,}7\text{ cm}}{2 \cdot \sin 76°} = 2{,}94\text{ cm}$

c)

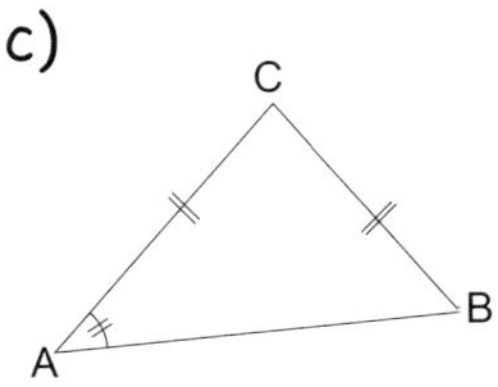

$\sin\beta = 6{,}3\text{ cm} \cdot \dfrac{\sin 71°}{7{,}8\text{ cm}} = 0{,}7637 \Rightarrow \beta_1 = 49{,}8° \vee \beta_2 = 130.21°$

$\gamma_1 = 180° - (71° + 49{,}8°) = 59{,}2° \vee \gamma_2 = 180° - (71° + 130{,}21°) = -21{,}21°$

Die 2. Lösung führt auf einen Widerspruch!

$c = \sin 59{,}2° \cdot \dfrac{7{,}8\text{ cm}}{\sin 71°} = 7{,}09\text{ cm}$

$A = \frac{1}{2} \cdot 7{,}8\text{ cm} \cdot 6{,}3\text{ cm} \cdot \sin 59{,}2° = 21{,}10\text{ cm}^2$

$r = \dfrac{7{,}8\text{ cm}}{2 \cdot \sin 71°} = 4{,}12\text{ cm}$

d)

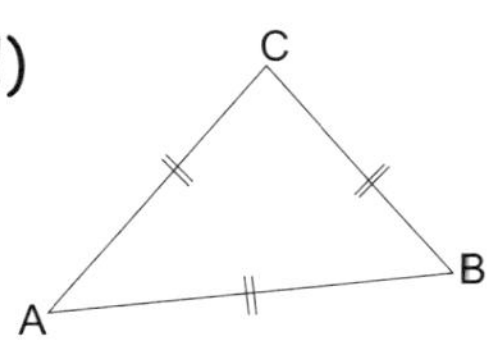

$\cos\alpha = \dfrac{25{,}1^2 + 35{,}6^2 - 15{,}3^2}{2 \cdot 25{,}1 \cdot 35{,}6} = 0{,}9307 \Rightarrow \alpha = 21{,}46°$

$\cos\beta = \dfrac{15{,}3^2 + 35{,}6^2 - 25{,}1^2}{2 \cdot 15{,}3 \cdot 35{,}6} = 0{,}8000 \Rightarrow \beta = 36{,}87°$

$\gamma = 180° - (21{,}46° + 36{,}81°) = 121{,}67°$

$A = \frac{1}{2} \cdot 15{,}3\text{ cm} \cdot 25{,}1\text{ cm} \cdot \sin 121{,}7° = 163{,}4\text{ cm}^2$

$r = \dfrac{15{,}3\text{ cm}}{2 \cdot \sin 21{,}46°} = 20{,}9\text{ cm}$

e)

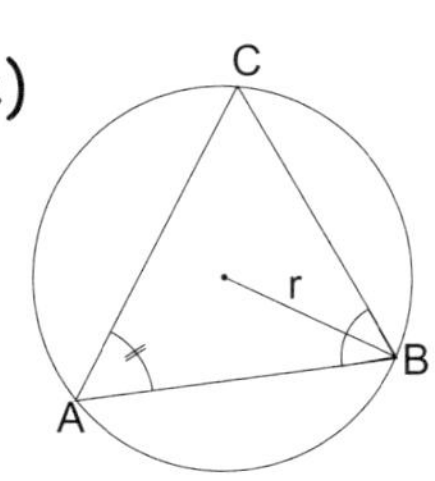

$\beta = 180° - (43{,}8° + 35{,}6°) = 100{,}6°$

$a = 2 \cdot 3{,}8\text{ cm} \cdot \sin 43{,}8° = 5{,}26\text{ cm}$

$b = 2 \cdot 3{,}8\text{ cm} \cdot \sin 100{,}6° = 7{,}47\text{ cm}$

$c = 2 \cdot 3{,}8\text{ cm} \cdot \sin 35{,}6° = 4{,}42\text{ cm}$

$A = \dfrac{5{,}26 \cdot 7{,}47 \cdot 4{,}42}{4 \cdot 3{,}8}\text{ cm}^2 = 11{,}43\text{ cm}^2$

Statistische Kenngrößen I

Der Sportlehrer Paul Paulsen hat sich die Zeiten des 100 m-Laufs (in Sekunden) von seiner 8. Klasse notiert:

Name (Kl. 8)	Zeit
Nora	11,8
Lars	12,2
Annette B.	12,7
Geraldine D.	12,9
Katja	15,0
Catharina	14,5
Walter	14,7
Janosch	13,9
Hannes	12,5
Martin	13,1
Sebastian	13,4
Ann-Kristin	14,5
Patrick	13,3
Jörn	12,6
Tilman	13,6
Johannes	13,8
Christin	14,2
Florian	12,8
Hanna	14,9
Ben	12,8
Levke	13,6
Nicolas	13,5
Cedric	12,2
Lars	13,1
Nina-Katrin	14,3
Carsten	12,0
Saskia	14,5

Mit der Tastenkombination [Mode Setup] [2] kannst Du den Statistik-Modul einstellen und durch anschließendes Drücken von [1] kannst den Statistik-Editor aufrufen:

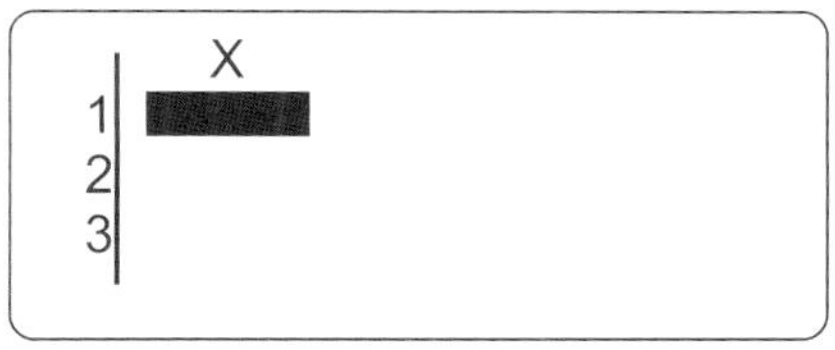

In ihn kannst Du alle Zeiten der nebenstehenden Tabelle eingeben, den 1. Wert z.B. durch [1] [1] [•] [8] [=]. Zum Verlassen der Tabelle drücke [AC].

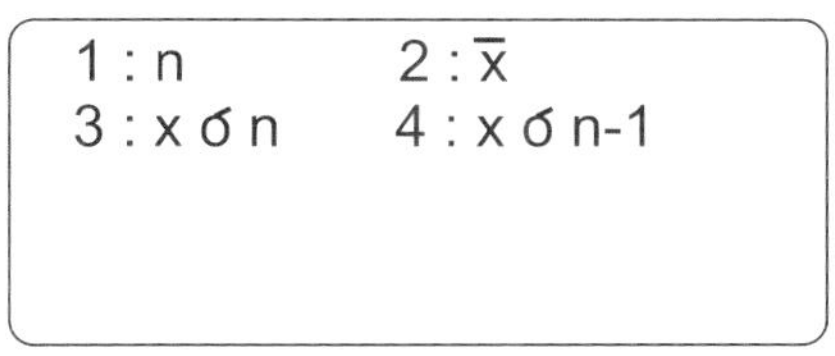

Wenn Du alle Werte korrekt eingegeben hast, kannst Du z.B. mit [SHIFT] [1] [5] (1-Var), gefolgt durch [1] [=] die Anzahl der Werte (n) in Deiner Tabelle bestimmen. (Du kannst sie aber auch durch die Zeilenummer am Ende bestimmen!) Nach Löschen der Anzeige mit [AC] kannst Du mit [SHIFT] [1] [5] (1-Var), gefolgt durch [2] [=] den Mittelwert ($\bar{x}$) bestimmen, wiederum nach Löschen der Anzeige [AC] mit [SHIFT] [1] [5] (1-Var), gefolgt durch [3] [=] (xσn) die Standardabweichung oder durch [4] [=] (xσn-1) die Standardabweichung II berechnen (lassen).

Durch [SHIFT] [1] [4] (Sum) kannst Du bei nachfolgendem Drücken der [1] [=] (Σx^2) die Summe der Quadrate bestimmen oder bei Drücken der [2] [=] (Σx) die Summe der Listenwerte.

Durch [SHIFT] [1] [6] (MinMax) kannst Du bei nachfolgendem Drücken der [1] [=] (minX) den kleinsten Wert der Listenwerte angezeigt bekommen oder bei Drücken der [2] [=] (maxX) den größten.

Bestimme die Werte n, $\bar{x}$, σ_n, σ_{n-1}, Σx, x_{min}, x_{Max} zu der Tabelle von Sportlehrer Paulsen.

Lösungen (vor dem Kopieren evtl. abdecken!)

n = 27, $\bar{x}$ = 13,422, σ_n = 0,9142, σ_{n-1} = 0,9316, Σx = 362,4, x_{min} = 11,8, x_{Max} = 15,0.

Statistische Kenngrößen II

Aufgaben:

Bestimme jeweils den Mittelwert und die Standardabweichung.
Wie viel Prozent der Werte liegen im einfachen σ-Intervall $[\bar{x} - \sigma, \bar{x} + \sigma]$?

1) Das Auswiegen einer Stichprobe von 10 Hühnereiern der Handelsklasse M ergab die folgenden Massen (in g): 62, 64, 64, 60, 60, 58, 56, 56, 60, 60.

2) Auf einer Strecke mit Geschwindigkeitsbegrenzung auf 70 km/h wurde die Geschwindigkeit von 11 zu schnellen PKWs gemessen (geblitzt) (in km/h): 76, 81, 93, 78, 83, 78, 79, 84, 78, 81, 95.

3) Aus einer Abfüllanlage für Mehltüten wurden 10 Tüten zufällig ausgewählt und gewogen (in kg): 1,002; 1,003; 1,002; 1,002; 1,003; 1,001; 1,002; 1,001; 1,002; 1,001.

4) Im folgenden stehen die Klimawerte von Acapulco (Mexiko) und Berlin.

	Jan.	Feb.	Mrz.	Apr.	Mai	Jun.	Jul.	Aug.	Sep.	Okt.	Nov.	Dez.
a)	25,7	25,7	26,2	26,8	28,2	28,2	28,4	28,3	27,6	27,6	27,0	27,2
b)	9	1	0	0	29	430	216	246	360	170	170	3
c)	-0,4	0,4	3,9	8,3	13,7	16,5	18,3	17,2	13,8	8,8	3,9	0,7
d)	50	36	35	43	47	59	74	64	44	48	46	48

a) Mittlere Monatstemperaturen in Acapulco in °C.
b) Mittlere Niederschlagsmengen in Acapulco in mm.
c) Mittlere Monatstemperaturen in Berlin in °C.
d) Mittlere Niederschlagsmengen in Berlin in mm.

Lösungen (vor dem Kopieren evtl. abdecken!)

Mit (Mode Setup) [2] [1] (1 – VAR) kannst Du den statistischen Tabellen-Editor aufrufen und die o.a. Werte eingeben. Danach kannst Du mit [SHIFT] [1] [5] das Menü zur Auswahl von Mittelwert (2: $\bar{x}$) oder (3: xσn) aufrufen.

1) $\bar{x} = 60$; $\sigma = 2{,}68$; 60% der Werte liegen im Intervall]57; 63[

2) $\bar{x} = 82{,}4$; $\sigma = 5{,}94$; 72,7% der Werte liegen im Intervall]76; 89[

3) $\bar{x} = 1{,}0019$; $\sigma = 7 \cdot 10^{-4}$; 50% der Werte liegen im Intervall [26,3; 28,2]

4) a) $\bar{x} = 27{,}241$; $\sigma = 0{,}942$; 58,3% der Werte liegen im Intervall [26,3; 28,2]
b) $\bar{x} = 136{,}17$; $\sigma = 146{,}6$; 83,3% der Werte liegen im Intervall]-10,4; 282,8[
c) $\bar{x} = 8{,}76$; $\sigma = 6{,}70$; 50% der Werte liegen im Intervall]2,06; 15,46[
d) $\bar{x} = 49{,}5$; $\sigma = 10{,}76$; 66,7% der Werte liegen im Intervall]38,74; 60,26[

Lineare Regression I

Bei einer Messreihe zur Bestätigung des Ohmschen Gesetzes ergab sich die folgende Tabelle:

U in Volt	I in Ampère
2	0,195
5	0,512
10	1,010
15	1,513
20	1,987
30	3,001
50	5,231

Mit der Tastenkombination (Mode Setup) [2] kannst Du den Statistik-Modul einstellen und durch anschließendes Drücken von [2] (A+BX) kannst den Statistik-Editor aufrufen:

	X	F(X)
1	2	0,195
2	5	
3		

0.512

In ihn kannst Du alle Werte der nebenstehenden Tabelle eingeben, das 1. Wertepaar z.B. durch [2] [=] [▲] [▶] [0] [·] [9] [5] [=]. Zum Verlassen der Tabelle drücke [AC].

1 : Type   2 : Data
3 : Edit   4 : Sum
5 : Var   6 : MinMax
7 : Reg

Wenn Du alle Werte korrekt eingegeben hast, kannst Du z.B. mit [SHIFT] [1] [7] (Reg), gefolgt durch [1] [=] den Koeffizienten A den Ansatzes A+BX bestimmen lassen und nach Löschen mit [AC] kannst Du mit [SHIFT] [1] [7] (Reg), gefolgt durch [2] [=] den Koeffizienten B bestimmen. Mit [7] [3] [=] hätte man den Korrelationskoeffizienten (r) bestimmen können.

Bestimme die Gleichung der linearen Regression I = A + BU, bestimme auch den elektrischen Widerstand R = 1/B. Zeichne die Punkte und die Gerade in das vorbereitete Koordinatensystem.

Lösungen (vor dem Kopieren evtl. abdecken!)

$A = -4{,}595 \cdot 10^{-3}$, $B = 0{,}1041$,
also $I = -4{,}595 \cdot 10^{-3} + 0{,}1041U$
$\Rightarrow U = 9{,}606I + 0{,}044$
Dieser Gleichung ist gut zu entnehmen, dass das absolute Glied vernachlässigbar klein ist und der Widerstand R = 9,606 Ω beträgt.

Es macht auch Sinn den Korrelationskoeffizienten zu bestimmen: r = 0,9995 – der Grad funktionaler linearer Abhängigkeit ist also sehr groß.

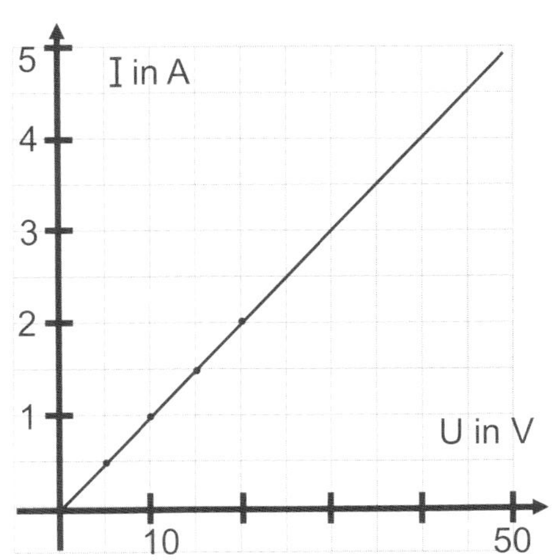

Lineare Regression II

G in Pond	l in cm
0	0
1,0	1,91
2,0	3,81
3,0	5,73
4,0	7,65
5,0	9,56

Nach dem Hookeschen Gesetz ist die Verlängerung l einer Schraubenfeder dem angehängten Gewicht G proportional: $l = k \cdot G$. Man fand in einer Versuchsanordnung die nebenstehenden Zuordnungen.

Bestimme die Gleichung der linearen Regression $l = A + BG$; bestimme auch den Korrelationskoeffizienten r.

Zeichne die Punkte und die Gerade in ein Koordinatensystem.

t in sec	$x := t^2$	s in m
1		0,02
3		0,24
5		0.62
7		1,25
9		2,06

An einer Fallmaschine beobachtet man nach der Zeit t den Fallweg s. Es gilt der theoretische Zusammenhang: $s = \frac{a}{2}t^2$.

Substituiere $t^2 =: x$ und bestimme die Gleichung der linearen Regression $s = A + BX$ sowie r.

Zeichne die Punkte und die „Gerade" in ein Koordinatensystem.

Lösungen (vor dem Kopieren evtl. abdecken!)

1) $A = -4{,}762 \cdot 10^{-3}$, $B = 1{,}913$, $r = 0{,}9999 \Rightarrow l \approx 1{,}91G$ Der Grad linearer Abhängigkeit ist sehr groß.

2) $A = -2 \cdot 10^{-3}$, $B = 0{,}0254$, $r = 0{,}9999 \Rightarrow s \approx 0{,}0254t^2$ Der Grad funktionaler Abhängigkeit ist sehr groß. - Vergleiche auch quadratische Regression, S. 45.

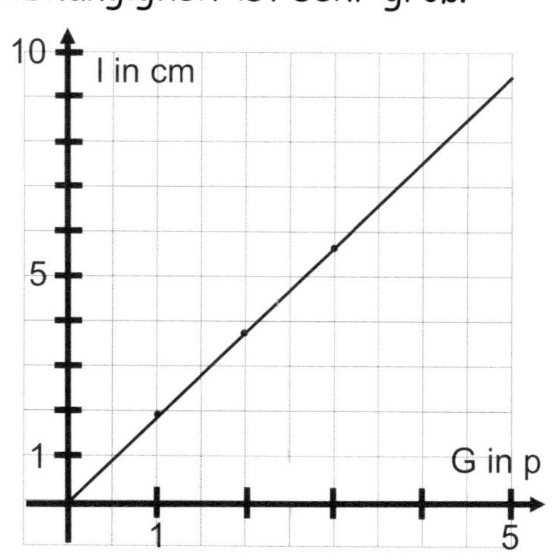

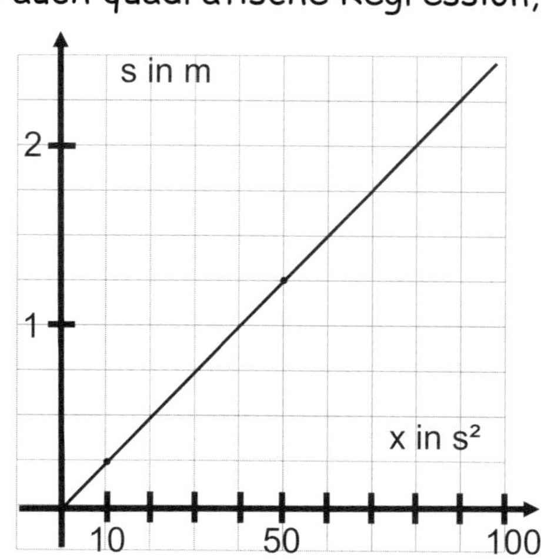

Quadratische und andere **Regressionen**

An einer Fallmaschine beobachtet man nach der Zeit t den Fallweg s. Es gilt der theoretische Zusammenhang: $s = \frac{a}{2}t^2$.

t in sec	s in m
1	0,02
3	0,24
5	0.62
7	1,25
9	2,06

Bestimme die Gleichung der quadratischen Regression $y = A + Bx + Cx^2$.

Zeichne die Punkte und die Parabel in ein Koordinatensystem.

Lösung s. S. 48

Lösungen (vor dem Kopieren evtl. abdecken!)

Mit (Mode Setup) [2] [3] (_ + CX^2) kannst Du den statistischen Tabellen-Editor aufrufen und die Werte der oben abgedruckten Tabelle eingeben. Dann lösche die Anzeige mit [AC].

Danach kannst Du mit [SHIFT] [1] (STAT) [7] (Reg) die Auswertung aufrufen:
[1] (A) [=] liefert $-3{,}928\ldots\ 10^{-4}$
- nach Löschen mit [AC] und Neuaufruf [SHIFT] [1] (STAT) [7] (Reg) liefert
[2] (B) [=] $-8{,}571\ldots\ 10^{-4}$
- nach Löschen mit [AC] und Neuaufruf [SHIFT] [1] (STAT) [7] (Reg) liefert
[3] (C) [=] 0,0255

Das heißt der Taschenrechner liefert die quadratische Regression:

$s \approx -0{,}0003928 - 0{,}0008571t + 0{,}0255t^2$.

Da die ersten Koeffizienten gegenüber dem 3. vernachlässigbar klein sind, gilt offensichtlich:

$s \approx 0{,}0255t^2$ mit $a \approx 0{,}051\ (\frac{m}{s^2})$.

Neben der linearen und der quadratischen Regression hilft Dein TR auch noch bei der Berechnung der
4: ln X logarithmischen Regression,
5: e^X exponentiellen Regression
6: AB^X exponentiellen Regression ab
7: AX^B Potenzregression und
8: 1/X inverse Regression.

Simulation und Zufallszahlen

Die Funktion RAN# generiert eine 3-stellige Pseudozufallszahl:

[SHIFT] [•] (Ran#) [=] [0.959] (z.B.) [=] [0.342] . Stelle eine Liste mit 20 3-stelligen Pseudozufallszahlen her, indem Du die Ergebnisse ohne die führende „0." schreibst und fehlende End-Nullen gegebenenfalls ergänzt:

201 352 296 521 688 842 125 034 419 733
455 257 557 423 546 746 315 569 453 303

Diese Pseudozufallszahlen können wir benutzen, um z.B. einen Würfelwurf zu simulieren. Das geht so: Wir gehen die Tabelle der Reihe nach (oder nach einer festen Regel: Z.B. nimm jede 3. Ziffer) und nehmen die Ziffern als Würfel-Werte, die 0, 7, 8 und 9 werden dabei übergangen. Fülle nach dem Durcharbeiten der obigen Tabelle die folgende Häufigkeitstabelle aus:

Würfelwert	⚀	⚁	⚂	⚃	⚄	⚅
Häufigkeit	5	8	8	8	12	5

Wie bewertest Du den simulierten Würfel? - Ich finde, er wirkt nicht gerade „sehr ideal"!?

Erstelle Dir eine eigene Pseudozufallszahlen-Tabelle und interpretiere sie als Würfelwürfe. Wirkt Dein Würfel „idealer" ?

Würfelwert	⚀	⚁	⚂	⚃	⚄	⚅
Häufigkeit						

Stelle Dir eine neue Tabelle mit 50 3-stelligen Pseudozufallszahlen auf. Fasse die Ziffern zu Fünfer-Gruppen zusammen und interpretiere sie ähnlich wie beim Gesellschaftsspiel Kniffel als „alle ungleich", „ein Paar", „zwei Paar", „ein Dreier", „full house", „ein Vierer" oder „ein Fünfer".

Würfelwerte	alle ungleich	ein Paar	zwei Paar	ein Dreier	full house	ein Vierer	ein Fünfer
Häufigkeit							
rel. Häufigk.							

In den Lösungen findest Du die zugehörigen Wahrscheinlichkeiten!
Weichen Deine relativen Häufigkeiten davon sehr stark ab?

Lösungen (vor dem Kopieren evtl. abdecken!)

Würfelwerte	alle ungleich	ein Paar	zwei Paar	ein Dreier	full house	ein Vierer	ein Fünfer
Wahrscheinlichkeit	0,3024	0,5040	0,1080	0,0720	0,009	0,0045	0,0001

Kombinatorik

In der Kombinatorik spielt die Fakultät (!) eine große Rolle. Sie ist definiert als $n! = 1 \cdot 2 \cdot 3 \cdot \ldots \cdot n$ oder rekursiv als $n! = n \cdot (n-1)!$ mit dem Start 0! = 0. Dein Taschenrechner berechnet die Fakultäten nach Drücken der [SHIFT] [x^{-1}]-Tasten. Du kannst also 10! ausrechnen durch Drücken von [1] [0] [SHIFT] [x^{-1}] [=] [3628800].

Fülle die folgende Tabelle aus:

n	1	2	3	4	5	6	7	8	9	10	11	12
n!												

In der Kombinatorik spielen die folgenden Begriffe eine Rolle:

a) **Permutationen**: Die Anzahl aller möglichen Permutationen einer Menge mit n Elementen berechnet sich zu $P_n = n!$ Dürfen einige Elemente der Menge mehrfach auftreten, so spricht man von einer Permutation mit Wiederholung. Die Anzahl möglicher Permutationen mit Wiederholung berechnet sich zu $P_n^{k_1,k_2,\ldots,k_n} = \frac{(k_1+k_2+k_3+\ldots+k_n)!}{k_1!\,k_2!\,k_3!\,\ldots\,k_n!}$.

Beispiele:

1) Auf wie viele Arten können sich die 10 Schüler einer Klasse setzen?
Antwort: Auf 10!, also 3628800 verschiedene Weisen.

2) Wie viele verschiedene Wörter lassen sich aus „mississippi" bilden?
Es lassen sich daraus $\frac{(1+4+4+2)!}{1!\,4!\,4!\,2!}$, also 34650 verschiedene Wörter bilden.

b) Bei den Urnenversuchen der Stochastik spielen die Anzahl der **Variationen** oder **Kombinationen** eine Rolle:

Anzahl der Möglichkeiten	Ziehen mit Zurücklegen	Ziehen ohne Zurücklegen
mit Beachtung der Reihenfolge (Variation)	n^k	$\frac{n!}{(n-k)!}$ =: nPr
ohne Beachtung der Reihenfolge (Kombination)	$\binom{n+k-1}{k}$	$\binom{n}{k}$ =: nCr

Beispiel: Wie viele Variationen bzw. Kombinationen von jeweils 4 Personen sind für eine Gruppe von 10 Personen möglich?

$\frac{n!}{(n-k)!}$ =: nPr: hier $\frac{10!}{(10-4)!}$, also 10[nPr]4: [1] [0] [SHIFT] [×] [4] [=] [5040]

$\binom{n}{k}$ =: nCr: hier $\binom{10}{4}$, also 10[nCr]4: [1] [0] [SHIFT] [÷] [4] [=] [210]

Lösungen (vor dem Kopieren evtl. abdecken!)

n	1	2	3	4	5	6	7	8	9	10	11	12
n!	1	2	6	24	120	720	5040	40320	362880	3628800	39916800	479001600

Lösung von S. 13 (Geldumtausch)

USA	
1 €	1,39 US§
2 €	2,77 US§
5 €	6,93 US§
10 €	13,85 US§
20 €	27,70 US§
50 €	69,25 US§
100 €	138,50 US§
200 €	277,00 US§
500 €	692,50 US§
1000 €	1385,00 US§

Schweiz	
1 €	1,70 CHF
2 €	3,40 CHF
5 €	8,50 CHF
10 €	17,00 CHF
20 €	34,00 CHF
50 €	85,00 CHF
100 €	170,00 CHF
200 €	340,00 CHF
500 €	850,00 CHF
1000 €	1700,00 CHF

Türkei	
1 €	1,88 TRY
2 €	3,76 TRY
5 €	9,41 TRY
10 €	18,81 TRY
20 €	37,62 TRY
50 €	94,05 TRY
100 €	188,10 TRY
200 €	376,20 TRY
500 €	940,50 TRY
1000 €	1881,00 TRY

Lösung von S. 45 (Quadratische Regression)

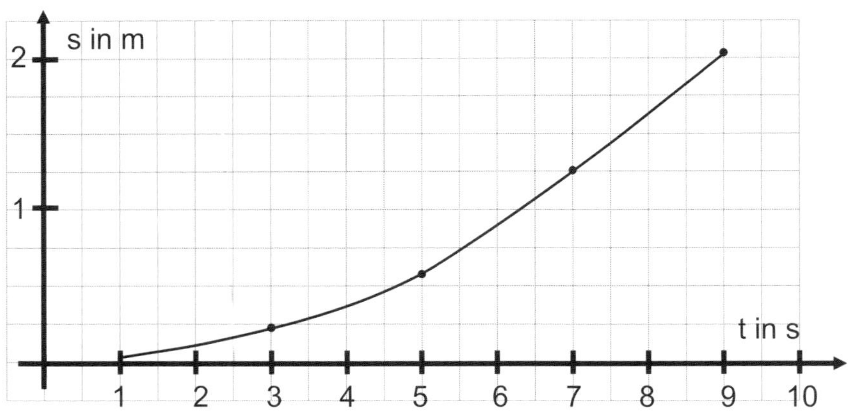